你若不敢输，就没机会赢

岳中林
—著—

中国致公出版社
China Zhigong Press

图书在版编目（CIP）数据

你若不敢输，就没机会赢 / 岳中林著. -- 北京：中国致公出版社，2018
　ISBN 978-7-5145-1286-1

Ⅰ.①你… Ⅱ.①岳… Ⅲ.①成功心理—通俗读物 Ⅳ.① B848.4-49

中国版本图书馆 CIP 数据核字 (2018) 第 113438 号

你若不敢输，就没机会赢
岳中林　著

责任编辑：蒋晓舟
责任印制：岳　珍

出版发行：	中国致公出版社
地　　址：	北京市海淀区翠微路 2 号院科贸楼
邮　　编：	100036
电　　话：	010-85869872（发行部）
经　　销：	全国新华书店
印　　刷：	北京旭丰源印刷技术有限公司
开　　本：	880mm×1230mm　1/32
印　　张：	7
字　　数：	133 千字
版　　次：	2018 年 11 月第 1 版　2018 年 11 月第 1 次印刷
定　　价：	39.80 元

版权所有，未经书面许可，不得转载、复制、翻印，违者必究。

每个人都希望成为人生赢家,有的人通过拼搏获得了成功,有的人从未付诸努力却一直在幻想着成功。

没有成功的人,总是抱怨自己的运气或出身不好,却从不愿意在自己身上找原因。殊不知,运气与出身从来都不是成功的必要条件,只要你多了解一些成功人士的成功史就会明白了。古今中外的历史上,从一无所有到成就斐然的人多如星海,而出生在官宦之家或大富之家的子弟一生平庸无为的也比比皆是。

如果只是因为怕输、不敢正视失败而选择不作为、不去尝试,那么终将一事无成。正所谓"有梦别怕路远,想赢就别怕输"。蹒跚学步的孩子,难道不是经历了无数次跌倒,才换来了肆意奔跑的畅意吗?人生亦是如此!

白岩松说:"只有你不怕输的时候,你才能赢。"输了,并不意味着你比别人差;输了,也不意味着你永远不会成功;输了,更不意味着你已经跌入了人生的谷底。千百年来,只有那些不怕输、越挫越勇的人,才赢得了最终的成功。我们应该摆正自己的心态,正确地去看待人生中的挫折与失败。

本书根据作者自己多年来的心路历程，总结了七堂课，希望能为广大读者指明前行的方向。

第一堂课 梦想——若没有梦想，那你连输的机会都没有

第二堂课 自信——自信是行动的关键，奠定输赢的基础

第三堂课 拼搏——自己不扬帆，没人帮你起航

第四堂课 坚持——很多时候，输赢的检验标准，只有坚持

第五堂课 决心——没有绝望的处境，只有绝望的人

第六堂课 勇气——只要无所畏惧，你就无人可挡

第七堂课 乐观——生活总会厚待你

人生的道路上，我们每个人都不可避免地会遭遇各种风险与挑战，结果有成功，也有失败。不过，人生的胜利与否不在于一时的得与失，而在于谁才是历尽艰辛坚持到最后的勇士。不怕输，结果未必能赢；怕输，结果则一定是输。每个人的成功之路或许都不尽相同，但我相信，每一条成功之路，都是充满坎坷的。只有那些坚信自己不会输，并一路努力向前的人，才能取得最终的成功。

目录

Chapter 1

梦想：若没有梦想，那你连输的机会都没有

01	我执着于梦想，从不轻言放弃	\2
02	不忘最初的梦想，携初心前行	\6
03	输赢是人为定义，拼搏是梦想的基石	\9
04	不要怕输，梦想因执着而闪耀	\13
05	梦想照亮未来，成功源于内心的强大	\17
06	在输得起的年纪，做不服输的自己	\21
07	宁可因梦想而忙碌，不要因忙碌而失去梦想	\26
08	不忘初心，拒绝做职场"橡皮人"	\29

Chapter 2

自信：自信是行动的关键，奠定输赢的基础

01	当你认同自己时，就没人能否定你	\34
02	面对未来，无所畏惧才是前进的基石	\37
03	不逼自己一把，你根本不知道自己会有多优秀	\42
04	想要成功先得相信自己能够成功	\45
05	不是精英，至少让自己看起来像是精英	\49
06	自信是你成就一切的前提	\52
07	内心若有明灯，生活自带光芒	\56
08	做自己喜欢的事，不要在意经历过多少次失败	\59

Chapter 3 拼搏：自己不扬帆，没人帮你起航

01 你不是不够幸运，而是不够努力 \64
02 将来的你，一定会感谢现在拼搏的自己 \68
03 人的幸运不是上天给的，而是靠自己一点点拼搏来的 \71
04 努力永远不晚，拼搏永远不迟 \74
05 在寂寞的时光里，逼着自己成长 \78
06 人生需要方向，梦想需要坚持 \81
07 忍耐不是屈从命运，而是实现蜕变的过程 \84
08 我们只有足够拼，才能摆脱命运的控制 \87

Chapter 4 坚持：很多时候，输赢的检验标准，只有坚持

01 每一个优秀的人，可能都有一段失败的时光 \92
02 再牛的梦想，也抵不住傻瓜式的坚持 \95
03 失败的原因只有一种，就是在抵达成功前选择放弃 \100
04 你都没坚持，还谈什么美好未来 \103
05 别那么急，该来的终归会来的 \107
06 梦想是否"高大上"不重要,重要的是你有没有努力坚持 \110
07 不要怕你的坚持没有结果，成功从不辜负每一分努力 \113
08 成功就是将别人坚持不下来的事情坚持做下去 \116

Chapter  决心：没有绝望的处境，只有绝望的人

01 只要你决心向前，就没什么能让你停下脚步 \120
02 你若不甘心，就集满勇气去改变 \123
03 决心就是力量，信心就是成功 \127
04 决心是成功的开始 \131
05 成功也许只是每天比别人多做一点点 \134
06 怀揣无畏之心，你的梦想值得你拼尽全力 \138
07 带着信念，在撕裂中继续前行 \143
08 没人会让你输，除非你自己没有想赢的决心 \147

Chapter  勇气：只要无所畏惧，你就无人可挡

01 即便是小草，也要有抵挡寒霜的勇气 \152
02 跌倒也别怕，重要的是赶紧爬起来 \156
03 我比谁都相信越挫越勇 \160
04 没有面对失败的勇气，就等于拒绝成功 \164
05 你的无所畏惧，终将成就无可替代的自己 \167
06 抛开杂念，用勇气成就人生 \171
07 在挫折中奔跑，在苦难中重生 \175
08 缺少勇气，拿什么一往无前 \179

Chapter 7 乐观：生活总会厚待你

01 自己足够强大，便没有什么可怕的	\184
02 生命拥有些缝隙，阳光才能照进来	\187
03 心中有光，就不会惧怕黑暗	\190
04 经得起多大的诋毁，就受得住多大的赞美	\194
05 只要奋斗不止，就算是绝境也会给你一线生机	\198
06 直面失败，它并没有那么可怕	\202
07 那些沉淀下来的孤独，是走向梦想的光	\207
08 没有什么来不及，时光因你而美好	\212

Chapter

梦想：若没有梦想，那你连输的机会都没有

　　最强大的人，是那些无时无刻不在强烈渴望实现梦想的人。这是一种源自内心的欲望，不得到就不罢休。世俗的眼光、旁人的看法从来都不是影响他们决定的行事准则，他们唯一在意的，是自我价值的实现。

01

我执着于梦想,从不轻言放弃

> 梦想是翅膀,有了它,人们才可以自由飞翔;梦想是光芒,有了它,人们才可以在最黑暗的地方照亮前行的路。
>
> ——题记

人与人之间最大的差别不是相貌、学历、出身等外在条件,而是不同的人拥有不同的梦想。坚持是成就梦想的重要前提,它能使一个人变得无畏和坚强。一个人能在满是荆棘的人生道路上走多远,很大程度上取决于他对梦想的坚持程度。

老师布置了一篇作文,题目是"我的梦想"。一个叫蒙提的孩子,花了一个晚上的时间,认真地描绘出了自己伟大的梦想:我想拥有一座属于自己的大农场,还要在农场的中央建一座超大的城堡。他甚至还为此画了详细的设计图。

可是,第二天老师却给了他一个"不及格",并且让小蒙

Chapter 1
梦想：若没有梦想，那你连输的机会都没有

提下课后去办公室找他。小蒙提带着满满的疑惑来到老师的办公室。

一进门，老师就对他说："亲爱的孩子，你这么小的年纪就开始好高骛远，这怎么行呢？你没有钱，家境也不好。可建造一个大农场需要相当大的一笔钱。你拿什么去建呢？不要再做白日梦了，好吗？"说完老师拍了拍小蒙提的头。

小蒙提难过地低着头。老师抚摸着他的头说："如果你重新写一篇实际一点的作文，我会考虑重新给你打分。"

小蒙提十分沮丧，回到家后向父亲诉说了这件事情。父亲慈祥地说道："孩子，这是你的梦想，需要你自己来做决定，我们都帮不了你。"

父亲鼓励的眼神，让小蒙提决定不写新作文。他找到自己的老师说："老师，很抱歉，即使是不及格，我也不会放弃自己的梦想！"

很多年以后，在那个小镇上真的出现了一个占地200多亩的大型农场，人们远远地就能看到里面有座豪华的大城堡。这个农场的主人就叫蒙提。当年那个老师见到蒙提后，惭愧地说道："很抱歉，孩子，当初是我打击了你的梦想，但幸好你是坚持梦想的人。"

梦想不是轻而易举就能实现的，它就像是一粒待磨砺的宝石，需要我们执着地付出精力、付出汗水才能得到。成功没有捷径，只有怀揣梦想的初心并坚持走下去，才会离成功

越来越近。

　　历史上著名的短跑女运动员——威尔玛·鲁道夫是个早产儿，她出生时的体重只有2公斤，在家里22个孩子中排行20。由于人口众多，她的家庭很贫困，再加上当时经济大萧条，她和家人经常需要忍冻挨饿。命运对她的考验并不止如此。威尔玛·鲁道夫在幼儿时期身患多种疾病——肺炎、猩红热，还有小儿麻痹症，这致使她的左腿残疾，必须穿着铁架矫正鞋才能勉强走路。她的妈妈要带她到离家八十里外的一位医生那里治疗，每周两次，而且每天还要不时地按摩她的腿和脚。

　　必须每天卧病在床的威尔玛·鲁道夫，本就因失去了儿童应有的快乐而忧郁，再看到妈妈因为她而常年那么劳累，她越来越感到痛苦，自卑感和负罪感与日俱增。

　　她有一个邻居，是一个在战争中失去了一只胳膊的老士兵。这位老人积极乐观，威尔玛·鲁道夫很喜欢和他待在一起。他们很快就成了好朋友。

　　有一天，老人用轮椅推着她去旁边的一所幼儿园附近散步。他们看到操场上有很多孩子在唱歌，歌声悦耳动听，他们被吸引了过去。孩子们唱完一首歌后，老人跟她说："孩子们唱得太好了，我们应该为他们鼓掌！"

　　她听到老人这么说，非常惊讶，她问道："你只有一只胳膊，怎么给他们鼓掌？"

　　老人笑了笑，伸出一只手将衣服扣子解开，露出胸膛，然

Chapter 1
梦想：若没有梦想，那你连输的机会都没有

后用仅有的一只手接连拍打胸膛……威尔玛·鲁道夫看到老人的这个动作感动极了，她若有所悟。

那天之后，威尔玛·鲁道夫开始积极、努力地配合医生治疗、做运动。11岁时，她第一次扔掉铁鞋，尝试走路。虽然这个过程就像蜕变一样痛苦万分，但她始终没有放弃，她坚信自己在不懈努力下，终有一天能够像其他正常的孩子一样走路，甚至奔跑。功夫不负有心人，12岁时，她终于能够完全脱离铁鞋正常行走了。之后，她向着更高的目标前进，开始练习跑步和打篮球。很快，她的运动天赋展现了出来。

1960年，她参加了罗马奥运会女子100米比赛，并以11秒18的成绩夺得了第一名。那一届奥运会上，她的名字——威尔玛·鲁道夫被广为人知，并被大家称为当时世界上跑得最快的女飞人，被誉为"黑羚羊"。

这个曾经腿部残疾的小女孩，长大后比世界上所有的女人跑得都快。这个结果来之不易，是威尔玛·鲁道夫付出了很大的努力，做出了很大的牺牲才实现的。她希望自己能够梦想成真，而且她做到了。这源于她执着于梦想，从不轻言放弃。

很多人在实现梦想的路上因遭遇挫折而倒地不起，哭泣着抱怨自己的梦想太难实现，然后放弃了。要知道，任何人都会在实现梦想的路上受打击、受折磨，如果你能执着地朝着梦想的方向勇敢前行，坚信成功就在前方，那么，实现梦想就指日可待了。

02

不忘最初的梦想,携初心前行

初心,是人生起点的希冀与梦想,是人生开端的追求与动力,是迷途困挫中的恪守与坚持,是事业成功的承诺和信念。

——题记

什么是初心?初心,意指做某件事的最初的愿望和心意、最初的原因。每个人都拥有自己的初心。古语有云:"不忘初心,方得始终。"在这个时代,初心常常被我们遗忘,就像诗人纪伯伦说的那样:我们已经走得太远,以至于忘记了当初为什么出发。

从前,有一个农人在耕地时不小心将铲子的铲柄弄断了,只好到邻居家去借铲子。邻居翻找了半天,终于找到一把铲子,但是这把铲子上有一个大缺口,不能用了。邻居对农人说:"我上次去地里挖东西,铲子铲到了一块大石头上,裂开了,嗐,

Chapter 1
梦想：若没有梦想，那你连输的机会都没有

就是这个样子，应该不能用了。抱歉，没帮上你的忙。"

农人很热情，说："不如这样吧，我帮你把铲子拿到铁匠那儿修一下。"说完，他就拿着铲子直奔铁匠铺。

不料，铁匠见了他却说："真是不好意思，这几天木炭刚好用完了，暂时没有办法打铁。"

"这个好办，我去帮你找木炭吧！"农人太热情了，说完就丢下铲子去找木炭。

当他跑到卖木炭的人家里时，木炭主人却对他说："抱歉，这几天不能烧炭，因为负责拉木材的那头牛的腿受伤了。"

"这样子啊，那我帮你去找兽医来医牛！"农人说罢便跑到兽医诊所去找兽医。

刚走出诊所，农人碰到了最初借他铲子的邻居。邻居诧异地问他："你来这里做什么？"

农人着急领着兽医往卖木炭的人家里赶，头也不回地说："我现在没时间聊天！我赶着帮人医牛呢！"借铲子的事情，早已被他抛到九霄云外了。

农人虽然热情，做事也很积极，但是他忘记了自己最初要做的事。

在生活中，有很多人都像这位农人一样，在最初的时候为自己的人生设定了目标或梦想，但在追逐梦想的过程中却遭遇了意外。这时，有的人会选择坚持自己最初的梦想，尽快从这些意外中抽离出来；有的人则会无意识地跟着意外走，并渐渐

地忘记了自己最初的梦想，而当他们意识到这一点时，已经偏离最初的梦想太远，以至于再也走不回去了。

不管走得有多远，我们都应该牢记最初的信念，不能被世俗的喧嚣和嘈杂扰乱了方向。

清华大学校长邱勇曾在清华大学教师干部大会上发表讲话，他说："大学意味着从容。从容是学者应有的态度，也是大学应有的气质。十年树木，百年树人。教育的长期性决定了大学要更加关注长远目标，不能急功近利、迷失方向。育人要春风化雨、润物无声，营造安静、宁和的环境。为学要潜心沉思、笃实淡定，耐得住'衣带渐宽'。从容是洗尽喧嚣后的返璞归真，源自心灵深处的平和与豁达。"

正如邱校长所言，很多人之所以会迷失，是因为太急功近利，不懂得从容。在世俗的浪潮中，我们很容易为诱惑所迷惑，从而陷入错误的陷阱中。

勿忘初心，坚守梦想。每个成功的人都有自己的初心。初心，是人生起点的希冀与梦想，是人生开端的追求与动力，是迷途困挫中的恪守与坚持，是事业成功的承诺和信念。也许日后会有无数波折、无数诱惑，但只要我们不忘初心，勇敢无畏地走下去，梦想终将会有实现的一天。

Chapter 1

梦想：若没有梦想，那你连输的机会都没有

输赢是人为定义，拼搏是梦想的基石

世界上最快乐的事，莫过于为理想而奋斗。

——题记

每个人都拥有梦想，它是我们前进的方向、目标，更是一种动力。我们在为梦想而奋斗的过程中，难免会迷茫，会失去方向，这种时刻，就应该多给自己一些自信，坚信努力拼搏就一定能实现自己的理想。

苏格兰一个小镇里有个小男孩，他的父亲是个亚麻纺织工，母亲则以制鞋为业。

在他刚学会走路的时候，父母拿出全部积蓄添置了几台纺织机，并聘请了几名工人，开了一个小型的手工作坊。经营了一段时间后，家里的经济状况有所好转，全家搬进了一座带阁楼的房子里。

但是好景不长，几年之后，一场工业革命给他们一家带来了沉重的打击。当时刚刚发明出来的蒸汽机给市场带来了大批物美价廉的纺织品,致使很多手工作坊纷纷倒闭。这家人在变卖了所有的纺织机器之后,又搬回原来的房子,全家人只能靠着母亲制鞋的微薄收入勉强度日。

然而,祸不单行——欧洲在那之后不久发生了大饥荒,即便父母每天都辛苦地劳作,仍然解决不了全家人的吃饭问题。

被逼无奈,他们一家人离开故乡,到美国匹兹堡谋求生计。在异国的土地上,为了维持生活,父亲只得做起了老本行,手织一些桌布和餐巾,沿街叫卖;母亲则继续缝制鞋子,以补贴家用。但父母赚的钱还是不够全家人的开销,无可奈何之下,年仅13岁的男孩决定去打工赚钱。

起初,男孩在一家纺织厂做童工。为了多赚一些钱,他还去烧锅炉,并在油池里浸纱管。油池难闻的气味常常让他呕吐不止。这个时候,他就已经明白,要想拥有美好的生活,就必须要努力拼搏。那时,他开始有了自己的梦想——建立属于自己的事业。从此之后,他更加努力地工作,抓住身边的一切机会向前走。

一天,男孩听说一家电报公司招聘信差,便穿上干净的衣服和皮鞋去参加面试。在面试过程中,他自信满满,对答如流,老板被他饱满的激情所感动,给了他这次工作机会。这是他的第一份正式工作,每周有2.5美元的酬劳。

虽然是迁入不久的新移民,但他在很短的时间内就熟悉了

Chapter 1
梦想：若没有梦想，那你连输的机会都没有

送信范围内的每一条街道，包括每一个商人的住址。两个星期之后，他连郊区的路线也了如指掌了。由于工作勤快，送信的速度快，他还可以在工作期间挤出一些闲暇时间。他利用这段闲暇时间在电报房学习发电报，没过多久，就熟练掌握了发电报的技术。

电报在当时是一种很先进的通信工具，在匹兹堡这座公司云集的城市里起着十分重要的通信作用。每天的送报工作使他逐渐熟悉了各家公司间的经济关系和业务往来，也让他了解了每家公司的特点。在这期间，他好似读了一本商业百科全书，学到了很多知识。

后来，未满20岁的他凭借熟练的电报技术成功进入铁路公司做了局长的私人电报员兼秘书。一次，他收到一封紧急电报：由于一列火车车头出轨，要求调度各班列车改换轨道，以免发生碰撞。情况非常紧急，但当时刚好是假日，他怎么也联系不上唯一有权下达命令的局长。情急之下，他便以局长的名义下了一道命令，让调度适时地改换轨道，最终避免了多起惨剧的发生。

后来，他不但没有受到处罚，还让局长对他赏识有加。几年后，他被提拔为运营总管。在铁路公司工作的十余年里，他熟练掌握了铁路管理的一整套知识技能，也赢得了社会的尊重。但是这些并没有让他满足——他还有更远大的目标。

美国内战结束后，他便从铁路公司辞了职，专心干起自己

的事业。那时，美国政府正要建设横跨北美大陆的铁路线。具有敏锐眼光的他意识到机遇来了——修建铁路、建造船只以及机械制造都离不开钢铁，钢铁产业在不远的将来会成为国家的支柱产业。于是，他决定投身到钢铁产业中去，建立一个囊括整个生产过程的钢铁公司。在想方设法筹集到资金后，他便开始一步步建立起他的钢铁帝国。一切都如他预期的那样发展，最终他收获了巨大的财富和成功。他就是钢铁大王安德鲁·卡内基。

  梦想，是鞭策我们不断进步的精神力量，是我们前进的动力。正因为有了梦想，我们才从最早的飞天梦想，发展到今天的载人航天飞船的升空，才会有今天发达的科技，才会有幸福安定的生活。让我们追寻着先辈的足迹，去努力追寻我们自己的梦想吧！只要我们坚持不懈，不断努力，梦想实现的日子终会到来。

  有理想，人生才有高度；有践行，人生才有厚度。为梦想拼搏是一种人生境界，更是让生活不断前行的基石。那些战胜过失败，懂得努力拼搏、勇敢追梦的人，才能够获得成功女神的青睐。

> Chapter 1
> 梦想：若没有梦想，那你连输的机会都没有

不要怕输，梦想因执着而闪耀

> 生命需要我们的执着精神！执着，是信念的推动者，是热情的催化剂，是追求的原动力。执着，使我们对生活充满信心；执着，使我们对梦想坚持不懈；执着，使我们凭心中的信念勇往直前。
>
> ——题记

佛法认为，对某事物产生执念而无法超脱，就是执着。生而为人，我们活在一个物质的世界中，大多数的人都需要一份执着精神来支撑着自己实现梦想。要知道，唯有坚持不懈，勇往直前，才能够实现我们最初的梦想。

她出生在福建山城永安，父母都是普通的农民，一家人一直生活在山里，没有见过大山外面的世界。小时候，她发现哥哥每次回家，篮子里总是比别人多很多小果子。她好奇地问哥哥原因，哥哥告诉她："其实，我和大家从树上摘的果子数量差不多，只

是其他人从树上下来后都着急回家,我却会留下来把掉在地上的果子都捡起来。只有捡到自己篮子里的果子才是自己的。"

"只有捡到自己篮子里的果子才是自己的。"她把这句话深深地记在了心里。

上完初中,她考上了福州的一个艺术学校,学习幼师美术专业。在学校里,她认真地学习每门功课,因为她认为这些都是她人生路上的"果子",她想像哥哥一样每次都多捡一些。幼师毕业后,她决定到北京打拼。

刚到北京时,她住在狭小、昏暗的地下室里;最困难的时候,一天只能吃一包方便面,经常饿得头晕。但不管日子多么艰难,她都没有流过泪,没有向困难屈服,因为她想实现自己的梦想——成为一名演员。每一天,她都在为这个梦想努力。

终于,皇天不负有心人,她凭着扎实的基本功和不懈的努力,考上了中央戏剧学院导演系。上学期间,除了认真学好自己的专业课之外,她还旁听了表演系的课程以及其他课程。她将这些看成是追逐梦想道路上的一个个果实,只有认认真真地捡起它们,才会让她离梦想更近。为了提升自己的能力,她还利用暑假特意去新东方学校学英语。一有机会,她就去演戏,无论角色大小、台词多少,她都用心去演绎。一个偶然的机会,她主演了顾长卫执导的影片《孔雀》。这部电影是她人生的转折点,她的演技得到了大家的认可。参加柏林电影节时,她优雅的谈吐和流利的英语获得了媒体、观众和圈内人士的一致好评。

Chapter 1
梦想：若没有梦想，那你连输的机会都没有

她的努力和不服输的性格，最终使她成了家喻户晓的演员，同时，她也成了影视圈里外表娇柔、内心强大的代名词。她就是张静初。

张静初在追求梦想的路上，从来不怕自己会失败。虽然彷徨过，也迷茫过，但每当想起自己的梦想，她便会收拾好情绪，继续向前。

当你身处困境时，再忍耐一下，也许会看见不一样的风景；再执着一点，梦想也许就能变为现实。大凡成功者，在梦想实现前都是一个孤独而执着的行者，只有耐得住寂寞，才能在追求梦想的道路上专心奔跑。

爱因斯坦是举世闻名的科学家，他一生中最欣赏的人是居里夫人。在《悼念玛丽·居里》的演讲中，爱因斯坦说："我幸运地拥有与居里夫人20年崇高而真挚的友谊。我对她的人格的伟大愈来愈感到钦佩。她的坚强，她的意志的坚韧，她的律己之严，她的客观，她的公正不阿的判断——所有这一切都难得地集中在她一个人身上。她在任何时候都认为自己是社会的公仆，她的极端谦虚，永远不给自满留下任何余地。由于社会的严酷和不公平，她的心情总是抑郁的。这使得她具有严肃的外表，而这容易使那些不接近她的人产生误解——这是一种无法用任何艺术气质来解释的少见的严肃性。一旦她认准某一条道路是正确的，她会毫不妥协地并且极端顽强地坚持走下去。"

从前，有一个穷苦人家的孩子，在当鞋匠的父亲去世后，母亲带着他改嫁了。

有一天，他偶然得到了一个机会去谒见王子。他自信地在王子面前唱诗歌、朗诵剧本。表演结束后，王子问他想要什么奖赏。这个穷孩子竟然大胆地提出了一个让王子惊讶的要求："我想写剧本，在皇家剧院演戏。"王子盯着这个穷孩子，把他从头到脚看了一遍，然后轻蔑地对他说："背诵剧本和写剧本可是两码事，我看你还是另选一个赏赐吧。"

他回家以后，向母亲和继父道别，拿着仅有的一点儿零钱，离家去寻找自己的梦想了。那时，他虽然才14岁，但他相信只要自己足够努力，总有一天安徒生这个名字会广为人知。

他到了哥本哈根后挨家敲门，想找到赏识他的人，但一直没有收获。最后，他衣衫褴褛地流落街头，但他心中追求梦想的热情却丝毫未减。

1835年，他终于成功了。那年，他发表的童话故事广受欢迎，从此开启了属于安徒生的辉煌历史。此时，他离开家已经有16年之久了。

安徒生说："只要你是天鹅蛋，那么即使你是在鸭栏里孵出来的也没有关系。"虽然为梦想坚持努力的过程是艰辛的，但只要你不放弃希望，不害怕失败，最终就能收获甜美的果实。

人生的路上难免会遇到失败。但如果你那么惧怕失败，什么行动都不敢做，一点努力都不敢付出，还怎么反败为胜，赢得人生呢？

Chapter 1
梦想：若没有梦想，那你连输的机会都没有

梦想照亮未来，成功源于内心的强大

内心强大的人，都有自己的坚持，而且极难动摇。强大的内心会为他们的未来打下强有力的基础，并能为他们的未来保驾护航。

——题记

每个人的心中都会有一个梦想，梦想是美好的，但实现梦想的道路是曲折、漫长的。梦想就像一粒种子，一旦种在我们"心"的土壤里，它就可以生根发芽，开花结果。也许在追求梦想的过程中会遇到无数的坎坷和挫折，但只要我们坚定信念，努力拼搏，就一定会实现自己的人生梦想。

明太祖朱元璋生于元末，祖上世代务农，贫困交加。朱元璋作为活下来的幸运儿，在那个灾荒不断的年代不得不出家，以求活口，甚至后来也只能化缘求生。朱元璋一边乞讨一边远行，阴差阳错加入了起义军。虽然他文化不高，却胜在勤奋机灵，在起义军中的地位日渐升高。他后来成功称帝，凭的是千军万马前也绝不退缩的勇气。一个真正的农民之子，历尽千辛万苦，击败敌人和死神，最终成为一代帝王。

人的心理防线有时很脆弱，亲情、友情，甚至一些陌生人都可能在你脆弱的时候狠狠地给你一击。不易受伤、内心强大的人往往具有极强的自信，遇事沉着冷静、从容不迫，不因一时顺意而沾沾自喜，更不因一时失意而郁郁寡欢。

我们真正优秀的特质来自内心想要变得更加优秀的强烈渴望和追求成功的火热激情。内心强大的人，都有自己的坚持，而且极难动摇。强大的内心会为他们的未来打下强有力的基础，并能为他们的未来保驾护航。

2015年5月31日，苏炳添以9秒99的成绩，刷新了张培萌的全国纪录，成为我国跑得最快的"飞人"。

这颗耀眼的新星在2013年还被笼罩在张培萌的光芒之下。人们只记住了在莫斯科世锦赛上夺冠的张培萌，却忽略了那个表现并不太逊色于他的苏炳添。

这种被人忽视的孤独感伴随了苏炳添很长一段时间，但是他并没有因此放弃努力。他把大量的时间和精力放在了赛道上，不停地奔跑，不停地改进方法。那条洒满苏炳添汗水的跑道，见证了他一路的成长，也记住了一个不屈的灵魂。

孤独使苏炳添有更多的时间思考。静下来的时候，他能听见自己那强劲有力的心跳的声音，苏炳添知道，那是理想的回

Chapter 1
梦想：若没有梦想，那你连输的机会都没有

音。那段时间很苦涩，但他不后悔。为了理想，一切都值得！

刚开始，人们的忽视给他带来了挫败感，但同时也坚定了他的信念。终于，在相当长的一段蛰伏期后，人们见证了他的厚积薄发，迎来了又一个"飞人"的诞生。

也正是因为苏炳添摒弃所有杂念，心无旁骛，只专注于训练，才有了如此傲人的成绩。

一个人想要成功，想要实现自己的目标和梦想，少不了遭遇失败，深陷困境。想要从失败和困境中一跃而起，则需要强大自己的内心，而内心强大的一个必备要素就是坚强。

19世纪末20世纪初的美国著名作家杰克·伦敦的一篇小说《热爱生命》，讲述了一个孤独的淘金者在荒原上深陷困境，与一匹狼顽强搏斗，最后胜利，得以生存的故事。

小说的主人公是一个美国西部的淘金者。由于在返回途中过河时扭伤了脚，行走不便，他被同伴无情地抛弃了。他独自一人带着脚伤艰难地在荒原上寻找出路。时值冬天，自然环境恶劣，而且他已经没有任何食物，脚还在不停地流血。就在他身体极度虚弱的时候，他遇到了一匹病狼。这匹狼嗅着他一路留下的血迹，紧紧地跟在他的身后。于是，两个即将面临死亡的生命在荒原上展开了一场殊死搏斗。他面对猛兽，起初焦虑、害怕，十分软弱，但为了活下去，他不得不克服恐惧，让自己的内心变得坚强。最后他做到了，他咬死了狼，喝了狼的血，顽强地活了下来。故事的结局是他获救了，他靠着强大的内心

从困境中挣扎了出来。

  人生的道路曲折又漫长，有成功也有失败，有顺利也有坎坷，有欢乐也有悲伤，就像一年中既有春天的百花绽放，又有冬天的白雪皑皑。面对失败和坎坷，记住不要流泪，因为泪水不能挽回你所失去的，也不能改变窘迫的现状；面对失败和坎坷，也不要畏惧和胆怯，因为害怕只会使你的手脚更加软弱无力，使你的内心更加惊惶不安。内心的强大是一个人成功的翅膀。内心强大，做事情就不会有畏惧之心，从而勇往直前，向着梦想前进。

  立足于这个变幻莫测的世界，我们每个人都需要有一颗百折不挠的顽强的心。成功总是属于积极进取、不懈努力的人。我们一定要坚持梦想，坚守信念，努力拼搏。这样，未来的你，才有可能会取得成功。

Chapter 1
梦想：若没有梦想，那你连输的机会都没有

在输得起的年纪，做不服输的自己

只要你有一颗永不服输的心，有一种愈挫愈勇的意志，即使经历迷茫，也终能闪耀绚烂的光芒。

——题记

当你感到迷茫时，最好的办法就是把握当下，用尽全力把自己变得更好。现在你做的每一分努力，都能在不久的将来看到累累硕果；现在走好每一步，未来自然就会一路畅通。

老刘的创业史充满了艰辛与坎坷。

幼时家境贫寒，为了减轻父母的负担，作为哥哥的老刘主动把上学的机会让给了弟弟。中学还没有读完，老刘便辍学经商，那年他才16岁。

老刘有个做药材生意的邻居，每月能赚几百元，这在当地可是个不小的数目。刚刚辍学在家的老刘学着邻居做起了药材生意，他用自己积攒的20元钱买来了板蓝根，拿到当地的集市上售卖。没想到生意还不错，全都卖完之后，他算了一下，刨去成本居然赚了 20 元。

第二天，他将 40 元全部用来买了板蓝根，并且很快就全部顺利卖出了，他又赚了 30 元。两个月下来，竟然赚了 500 多元，老刘很是兴奋。

但做任何事业都不会是一帆风顺的。

老刘知道家里有 3000 元的积蓄，那是在前线打仗牺牲了的叔叔的抚恤金。无论家里多么困难，父亲都不准动用它。

两个月的节节胜利，让老刘的胆子大起来。经过反复动员，他终于说动了父亲，把那 3000 元借了出来，再加上自己的 500 元和各处借来的钱，总共凑够了 4000 元。这次老刘准备大干一场，把 4000 元全部用来购买药材。

可是，一位顾客告诉老刘，他很可能上当受骗了。刚买回来的那批药材是被榨过汁的，只是一堆"药干"，没多少药性了。

老刘一听就傻了，买药材的钱可是叔叔的鲜血换来的，这下全被骗走了。他的第一反应就是找到那个骗子，把钱要回来，可是他连续找了一两个月也没找着那个骗子。

其实，他有一个减少损失的方法，就是把那批药材卖给不懂药材的人。当时有个老人已经与他谈妥了价钱，但在付钱的时候，他看见老人家像松树皮一样的手，心中充满了愧疚。他想老人家年纪大了，自己再去坑骗他，那自己和那个卖"药干"的骗子有什么分别？他觉得自己还年轻，还有重来的机会，于

Chapter 1
梦想：若没有梦想，那你连输的机会都没有

是，他一把火烧了那堆用4000元买来的"药干"。

这次失败给了老刘沉痛的打击，为此老刘迷失了一段时间，他开始重新思考人生。但是很快他就整理好心情，重新开始。经过坚持不懈地努力，老刘终于成了省里有名的药材商人。

很多时候，成功和困顿只有一墙之隔，坚持下去，就能跨越这堵墙，实现成功。人，不怕迷茫，就怕你根本不知道自己已经迷茫，并在一处徘徊不前。想要让人生不迷茫，就要学会规划自己的人生。把自己当前处于一种什么样的状态、什么样的位置、想要的是什么都想清楚，然后才能知道怎样迈出下一步。当你准备好向前走的时候，就会发现自己的人生之路其实宽阔无比。

2016年里约奥运会上有一位41岁"高龄"的跳马选手——丘索维金娜，人们亲切地叫她"丘妈"。

丘索维金娜出生于乌兹别克斯坦，7岁开始学习体操，16岁勇夺世界锦标赛冠军，并在一年后的巴塞罗那奥运会上助力团队摘得女子团体比赛金牌。在国际体操联合会中，有三个动作以她的名字命名。在乌兹别克斯坦，丘索维金娜是全国人的骄傲。

作为体操运动员，21岁的丘索维金娜算是"大龄"了。参加过1996年亚特兰大奥运会后，她便退役了，嫁给了一名优秀的摔跤运动员，并生了一个可爱的儿子。

然而，幸福的生活过了没多久，她3岁的儿子被查出患上了白血病。丘索维金娜感到压力很大，为了给儿子治病，她花光了所有积蓄，可即使这样，也无济于事。为了解决儿子高昂的治疗费用，丘索维金娜决定重回赛场。她十分刻苦，不放过每一次比赛的机会，她还曾经说："一枚世锦赛金牌等于3000欧元的奖金，这是我唯一的选择。"

为了能让儿子得到更好的治疗，丘索维金娜把儿子送到了德国，并为了医药费而让他加入了德国国籍，她也逐渐开始为德国征战赛场。

在一次国际比赛中，丘索维金娜摔裂了跟腱。这次，大家都以为33岁的她终于要退役了。但在之后的国际赛场上，再次出现了她的身影，她甚至还获得了跳马比赛的银牌！

对此，她解释说："孩子未愈，我不敢老。"这句话感动了万千观众。

丘索维金娜的坚持似乎感动了上天，孩子的病情逐渐有了好转。之后，丘索维金娜重回自己的国家，继续她热爱的体操事业。在2016年里约奥运会女子跳马决赛中，丘索维金娜以14.833分的成绩获得第七名，但她明确表示"东京奥运会再见"。历经数年，她的人生依然激励着无数人。

丘索维金娜就是奥运精神的真实体现，她的坚持，正是奥运精神的完美诠释。这种永不服输的精神，时刻激励着我们每一个人。同时，她的才华也使她有能力在体操界一直攀登到如今的高度。

Chapter 1
梦想：若没有梦想，那你连输的机会都没有

张海迪 5 岁时患脊髓血管瘤，胸部以下完全失去知觉，生活不能自理，但她没有向命运屈服，而是坐在轮椅上"唱"出了催人奋进的生命之歌；史铁生在风华正茂的年纪双腿残疾，但他没有自暴自弃，而是用"笔"走了世界上最远的路；贝多芬双耳失聪，但他没有因此消沉，而是用心创造出了流传千古的"命运交响曲"；史蒂芬·霍金 21 岁时患了运动神经细胞病，丧失了语言和行动的能力，但他没有想着了结残生，而是用思维为我们解释了宇宙；奥斯特洛夫斯基双目失明，全身瘫痪，但他没有屈服于病痛，而是凭着坚强的意志写出了伟大著作《钢铁是怎样炼成的》，激励了一代又一代人……

在这个世界上，大部分的人都四肢健全，头脑聪明，可为什么很少有人能获得那样的成就呢？因为他们缺少永不服输的精神。

很多人总是在抱怨中浪费时间，在等待中错失机遇，在患得患失中失去方向。他们没有积极主动地为自己的梦想努力，没有在陷入困境时坚持下去的勇气，没有永不服输的精神，因此也就不可能成功。

只要你有一颗永不服输的心，有一种愈挫愈勇的意志，即使经历迷茫，也终能闪耀绚烂的光芒。

宁可因梦想而忙碌,不要因忙碌而失去梦想

> 梦想似乎是一个很遥远的词。但其实如果你有信心和毅力,从现在起一点一点积累,总有一天,你会拥有实现梦想的力量。
>
> ——题记

威尔逊说:"我们因梦想而伟大,所有的成功者都是大梦想家,在冬夜的火堆旁,在阴天雨雾中,梦想着未来。有些人让梦想悄然绝灭,有些人则细心培育、维护,直到它安然度过困境,迎来光明和希望。而光明和希望总是降临在那些真心相信梦想一定会成真的人身上。"

NBA球员巴克利出生于美国亚拉巴马州的一个贫穷小镇,他刚出生不久,就因患贫血症而进行了一次全身换血的大手术。幸运的是,手术很成功,他活了下来。然而,作为黑人孩子,贫穷和歧视一直是巴克利心中挥之不去的阴影。

Chapter 1
梦想：若没有梦想，那你连输的机会都没有

巴克利从小就很喜欢打篮球，他想成为一名篮球明星，让全世界的人都知道自己。很多人对巴克利的想法嗤之以鼻，嘲笑他做白日梦，因为他没有篮球天赋，而且身高上也没有优势。教练建议他去练美式足球，可是他不甘心就这么放弃自己的梦想，便坚持每天练习打篮球，有时甚至练习到深夜，风雨无阻。

付出总会有收获，经过一年的苦练，巴克利的球技有了很大提升，高二时，他进了学校的篮球队。虽然只是替补球员，出场的时间特别少，但他没有任何怨言，只要有上场的机会，他必然倾尽全力。高三时，巴克利的身高竟然奇迹般地长了15厘米，体重也增加了10公斤，这样巴克利就有了很好的篮球运动员身材，再加上勤奋的训练，巴克利终于成了校篮球队的主力球员。每一场比赛，他都用心对待，拼尽全力；赛场下的他比谁都更加努力。

不久以后，凭着执着和不放弃的精神，巴克利终于实现了自己的梦想，成了著名篮球运动员，他的名字也因此家喻户晓。

谁都有梦想，可并不是每个人都能实现自己的梦想。扪心自问，你现在的梦想，还是曾经的轮廓吗？或者说，你的梦想，还在吗？

看到这个问题的时候，很多人都会苦笑，表示自己早就在忙碌中弄丢了梦想，毕竟自己要忙着还房贷车贷，忙着照顾孩子老人，忙着升职加薪……其实，你的梦想并没有丢，你丢失的，只是那份对未来的期待，以及曾经渗透进血液中的信念。

永远不要放弃自己的梦想。也许眼前遍布着阻滞你实现梦想的障碍，其实那正是追求理想所必须付出的磨炼与考验。千万不要急功近利，生命的历程原本就是一场华丽的探险，有磨砺的人生，才是完美的人生。

Chapter 1
梦想：若没有梦想，那你连输的机会都没有

不忘初心，拒绝做职场"橡皮人"

世间最难的事不是面对困难，而是坚持。成功贵在坚持。

——题记

近年来，出现了这样一群人，他们无所谓批评或表扬，面无表情地穿梭在拥挤的城市中；他们"没梦想、没激情、没趣味"，像是一个躯壳。这类人被网友戏称为"橡皮人"。

大多数人刚进入社会时，都是满腔热血，兴冲冲地向着梦想飞奔。我们有力量、有热情、有目标，以为自己会所向无敌，不可阻挡。可是，一旦遇到困难与挫折，很多人就开始瞻前顾后，心绪不定。只有一部分人会在梦想与现实的纠缠中挣脱出来，坚守梦想，即使如履薄冰，也绝不放弃。

伟大的文学家歌德说："严厉地驱策自己走下去，就算是最渺小的那一个，也一定能达到目标。因为坚韧不拔和永不放弃能在一点一滴的时间中增长力量，这是任何失败和挫折都无法阻挡的。"咬咬牙，坚持下去，你将成就无与伦比的自己。

在国际马拉松界，罗塞尼奥是一个响当当的名字。一次，罗塞尼奥在接受记者采访时，被问到"马拉松是一项考验耐心的运动，是什么力量支持你坚持到最后"，他用一个故事给出了精彩的答案。

中学时，有一次学校举办10公里越野赛，罗塞尼奥是参赛者之一。比赛刚开始时，罗塞尼奥跑得非常轻松。可是过了一段时间后，他开始感觉有些体力不支，速度也逐渐慢了下来。这时，罗塞尼奥特别想停下来休息一会儿，喝口水，然后再继续跑。

凑巧的是，正在这个时候，一辆学校的巴士开了过来。这辆校车专门负责接送那些跑不动、想中途退出的学生。

看到这辆车，罗塞尼奥的心动摇了，很想跳到车上。可是看了看脚底下正在被自己一步步丈量的路，他终于忍了下来。接下来，他又继续跑了好一段时间。罗塞尼奥感到汗水正一滴滴地流进眼睛里，他的心脏在剧烈地跳动，两条腿像灌了铅一样沉重。这时的他比之前更想停下来。而此时，刚好第二辆巴士开了过来。尽管罗塞尼奥非常想上车，可是他努力克制住了自己的欲望，继续跑了下去。

跑了一段距离后，罗塞尼奥觉得两眼直冒金星，两条腿也已不听使唤。正在此时，罗塞尼奥面前出现了一个小山坡。这

Chapter 1
梦想：若没有梦想，那你连输的机会都没有

一刻，这个小小的山坡对他来讲简直就像是珠穆朗玛峰。罗塞尼奥彻底绝望了。当再次看到学校的巴士到来的时候，罗塞尼奥毫不犹豫地坐了上去。

但是，接下来发生的事，让他终生难忘——巴士刚刚开过小山坡，终点就出现在了他的眼前。

在看到终点线的那一刻，罗塞尼奥后悔至极。他想，如果自己再有毅力一点，再坚持哪怕一分钟，越过山坡，就能到达终点了。

这次经历，让罗塞尼奥懂得了坚持的重要性。在以后的比赛中，每当感到体力不支，想要放弃的时候，他都会给自己加油："兄弟，要挺住，要有毅力，前面也许就是终点了。"

就是凭着这股坚韧不拔的毅力，罗塞尼奥一直跑到了世界冠军的领奖台上。

从罗塞尼奥的身上，我们看到的是坚持所带来的震撼。当我们遇到困难与挫折时，会觉得自己选错了路想要拐弯，甚至想要放弃。这个时候，我们需要调整心态，一步一步地慢慢前行。只有努力，不轻言放弃，才有可能到达成功的彼岸。

通往成功的道路曲折又漫长，挫折和失败在所难免，只要我们有一颗不认输的心，就一定能度过生命中灰暗的日子，从而迎来光明。

Chapter

自信：自信是行动的关键，奠定输赢的基础

拥有自信，能让我们在追求卓越人生时永不服输；拥有自信，能让我们战胜追梦路上的一切苦难和挫折；拥有自信，能让我们把握良机，不断地超越自我，创造更好的未来；拥有自信，能让我们最大限度地实现自我价值，实现生命的意义。

当你认同自己时,就没人能否定你

> 尼采曾说:"聪明的人只要能认识自己,便什么也不会失去。"只有学会欣赏自己,才能使自己充满自信,并从自信中获得快乐,使自己的人生不迷失方向。
>
> ——题记

德国哲学家莱布尼茨说过:"世界上没有两片相同的树叶。"每个人都是一个独立的个体,没有什么准则是通用于所有人的,更没有什么标准可以用来衡量所有人的优缺点。每个人都是这世界上独一无二的存在,不用去羡慕别人的优点,因为你肯定也有许多只属于自己的长处。我们可以欣赏别人,但不能妄自菲薄;可以学习他人的优点,但不要忙于攀比而失去自我。学会欣赏自己,你会变得更加优秀。

在人生的旅途中,我们难免有无法认同自己的时候。当我们面对动摇自己心念的事情时,要做到坚守本心,坚持自己,

Chapter 2
自信：自信是行动的关键，奠定输赢的基础

相信自己。

在某大学的课堂上，有个学生向教授提问："请问老师，您是否了解您自己呢？"教授心想："是呀，我是否知道我自己呢？"他思考了一下回答道："我也不确定我是否了解自己。我回去后一定要好好观察、思考、了解自己的个性、自己的心灵。这个问题我下堂课再回答你好吗？"

教授回到家就来到镜子面前，仔细观察着镜子里的人，尤其是外貌、表情等，并用心分析自己。

首先，他在镜子中看到了自己闪亮的秃顶，心想："嗯，不错，莎士比亚就有个闪亮的秃顶。"

然后，他又看了看自己标志性的鹰钩鼻，心想："嗯，拿破仑就有一个威严的鹰钩鼻，他可是一位很伟大的人！"

紧接着，他又看了看自己的大耳朵，心想："恺撒大帝就有一对大耳朵！"

收起镜子，他比了比自己的身高，哈哈大笑起来，自言自语道："哈哈！美国曾经的总统林肯是个高个子，我也是同样的高个子。"

正巧这时，他低头看到了自己的双脚，心想："呀，卓别林就是一双八字脚！"就这样，教授将自己的外表从头到脚都剖析了一遍。

第二天，他这样回答自己的学生："我集古今及国内外的名人、伟人、聪明人的特点于一身，我是一个不同于一般人的人，我将前途无量。"

　　善于欣赏自己的人，必然充满了自信。不管在别人眼里自己是否真的那么美好，甚至也许还不如其他人，他良好的心态能都让自己变得积极乐观，不被负面评价所影响。尼采曾说："聪明的人只要能认识自己，便什么也不会失去。"不要因为他人的评价而轻易动摇自己的内心，我们需要虚心接受批评，但不必每一次都按照别人的想法行动。学着欣赏自己，找到自己身上的闪光点，生活会变得更加轻松和美好。

　　无论你是一棵参天大树，还是一棵路边小草；无论你是一颗普通的顽石，还是一座巍峨的高山；无论你是一株艳丽的鲜花，还是一株路边无华的野花；无论你是一间破旧的茅草屋，还是一座瑰丽的高楼……你都有自己存在的理由，都有与众不同之处。

　　哲人说："每个人都是最优秀的，要擦亮眼睛去认识自己，欣赏自己，发现和重用自己。"人生，只有做到了欣赏自己，才能增加自信；有了信心，才会有战胜一切逆境的动力，从而向着自己的梦想进发。

Chapter 2
自信：自信是行动的关键，奠定输赢的基础

面对未来，无所畏惧才是前进的基石

> 不管你是穷人还是富人，只要你秉持顽强的意志力，敢于向命运发出挑战，那么，你就能拥有改变自己人生的机会与能力，就有获得成功的可能。
>
> ——题记

人的一生之中，总会遇到各种各样的困难与挫折。有些人成功地跨越了那些障碍，成为令人敬佩的强者，手捧胜利的鲜花，接受人们的赞叹与喝彩；有些人却栽进了失败的深沟里，泯然众人矣，只能躲在角落里自怨自艾地生活。

那么，强者与弱者到底有什么区别呢？或者更确切地说，强者为什么强、弱者为什么弱呢？其实答案就是二者在面对挫折、失败时所呈现出的不同状态。强者在面对挫折、失败时会呈现出无所畏惧、勇于向前的积极心态。而弱者会被挫折和失败打倒，甚至一蹶不振。

邓普西是一个残疾人，他只有半只左脚，还有一只天生畸形的右手。然而,他的父母经常教育他:"你不需要因为自身的残疾而感到不安,别人能做到的,你也可以做到。"因此,任何一个健全的男孩可以做到的事情,邓普西都会去学习,并且,几经尝试之后都可以做到,而且做得一点儿也不比别人差。

后来,邓普西喜欢上了橄榄球,并且开始学习踢橄榄球。在这一过程中他发现,与其他男孩子相比,他能够将球踢得更远!于是,他为自己定做了一只特殊的鞋子,参加了踢球测验,并且因此获得了一份球队的合约。然而好景不长,看到邓普西的情况,教练十分婉转地对他说:"你的条件并不适合做职业橄榄球员,你还是试一试其他的职业吧。"

不过,邓普西并没有因此灰心,也没有因此而放弃。他经过深思熟虑后,毅然向另一支球队提出了入队申请,并向教练争取了一次展示的机会。他的能力得到了所有人的认可,尽管教练的心中还是存有一丝疑虑,但是看到邓普西如此自信,也对他产生了好感,最终决定将他收下。

两周之后,邓普西在一次友谊赛中竟然踢出了55码的成绩!教练对他的好感和信任程度大大增加,邓普西也真正得到了这份梦寐以求的工作——踢球。他也确实不负众望,那个赛季他为球队赢得了99分!

不久之后,邓普西一生中最为重要的比赛来临了。那一天,有6.6万名球迷前来观看比赛。球停留在28码线上,但是比赛

Chapter 2
自信：自信是行动的关键，奠定输赢的基础

仅仅只剩下几秒钟了。这个时候，球队将球推进到45码线上。

教练大声喊道："邓普西，赶紧进场去踢球！"

邓普西进入赛场的时候，他们的队伍胜利与否都在他即将要踢的那个球上。球传接得非常棒，邓普西使出全身力气一脚踢了出去，球"嗖"的一声笔直向前飞进。可是，这一脚踢得足够远了吗？6.6万名球迷都非常紧张地屏住呼吸。球从球门横杆上面几英寸处越了过去，紧接着，裁判将双手举了起来，表示获得了3分。最终邓普西所在的球队以19：17的成绩获得了胜利。球迷们为此几乎都要疯狂了。邓普西创造出来的奇迹深深地震撼了他们，不少球迷激动得泪流满面，因为这样的一个"极限球"是一个仅有半只左脚的球员踢出来的啊！

邓普西的成功秘诀很简单：他的父母从来没有告诉过他什么不能做。在他看来，只要拥有强大的意志力，健全的人能做到的事情，他就可以做到。

从这个故事中，我们能深刻地感受到，拥有坚强意志的人，生活中不存在不可能做到的事情。的确，失败当道，寸步难行；成功在前，无所畏惧。

在世界级畅销图书《风雨哈佛路》中，作者叙述了自己从黑暗慢慢走向光明人生的心路历程——

1980年，在纽约布朗克斯区的贫民窟中，一个叫莉丝·默里的小女孩出生了。她的父母嗜毒成瘾，使得家中十分贫穷。其他的小朋友都在上学的时候，年仅8岁的莉丝却不幸沦为一名小乞丐，以乞讨为生。为了活下去，她甚至不得不依靠偷东西来果腹。

莉丝15岁的时候，她的父亲与母亲都感染了艾滋病，没过多长时间就先后去世了。从此，小莉丝与姐姐就成了孤儿，她们的日子更加难过了。

姐姐莉莎得到了好心人的帮助，能够到朋友的家中借宿。而小莉丝却无处容身，不得不露宿街头。那时候，隧道、地铁以及公园中的长椅等处，都曾是她夜晚睡觉的地方。一些流浪汉还经常欺负她。

尽管生活困苦，但是莉丝从来没有放弃过希望。她一直坚信：总有一天，自己能够摆脱命运的枷锁，与大部分人一样，过上普通、幸福的生活。与此同时，莉丝也强烈地意识到，只有回到学校接受教育才能真正地改变自己的命运。

经过努力，莉丝终于回到了梦寐以求的校园。回归校园后，她常常在过夜的走廊上或者地铁站里，完成老师留下的作业。即使没有温暖的家、没有固定的居所，她也在两年内完成了需要四年才能读完的课程，并且以优异的成绩得到了《纽约时报》的奖学金，顺利进入哈佛大学读书。

在饱受欺凌与歧视的成长过程中，莉丝学到了难能可贵的生活经验，更明白了知识的重要性。后来，莉丝依靠自己坚强的毅力，在哈佛大学取得了临床心理学博士学位，迎来了人生中盼望已久的曙光。

Chapter 2
自信：自信是行动的关键，奠定输赢的基础

现在，莉丝经常到世界各地演讲，大力宣扬"有志者事竟成"的理念，并且负责心灵工作坊，帮助人们挖掘自己的潜能。

莉丝之所以能够收获成功，是因为她懂得，童年所遭遇的不幸并不能成为她逃避现实的借口，只有保持顽强的精神，然后竭尽所能地努力与奋斗，才能够改变自己的命运。

对每个人来说，现实既非天堂，也非地狱。因为不管你的出身怎么样，不管你是穷人还是富人，只要你秉持顽强的意志力，敢于向命运发起挑战，那么，你就能拥有改变自己人生的机会与能力，就有获得成功的可能。勇于尝试，勇于突破，勇于挑战，始终怀有无所畏惧的勇气，人生之路才会越走越宽。

03

不逼自己一把,你根本不知道自己会有多优秀

> 每个人都蕴藏着无限的能量,你的能量超乎你的想象。不努力一下,你永远也不知道自己有多优秀。有时候,人要逼着自己去成长——别偷懒、别胆怯、别退却。"进"一步,才能看到海阔天空。
>
> ——题记

逆境使人奋进,一个人身处逆境时,反而会激发自己体内无穷的动力。所以,我们内心缺乏动力时,如果刻意地"逼"自己一把,把自己推入绝境,反而不失为一个让自己奋进的方法。

曾看到过这样一个故事。

有一位非常严厉的游泳教练,因在极短的时间内培养了众多优秀的游泳选手而名声大噪。当有记者慕名去采访他成功的秘诀时,他笑了笑没说话,只是将记者领到了运动员们正在进行训练的泳池边。记者被自己看到的场景吓得呆住了:每条泳道里都趴

Chapter 2
自信：自信是行动的关键，奠定输赢的基础

着一只鳄鱼！运动员们进行训练时，鳄鱼就紧紧跟在他们身后。尽管鳄鱼都被套上了牢牢的枷锁，可每个运动员都因心中无限的恐惧而拼命地向前游，并且，很快就突破了平时训练的最好成绩。

最可怕的事不是遭遇困难，而是失去克服困难的勇气。不选择战斗，你就会被直接淘汰，失去竞争的资格。在我们安于享乐的时候，许多人为了磨炼自己的意志，故意选择了一条更加艰辛的路，只为给自己创造一个绝境，以逼迫自己能取得更加辉煌的成绩。有人说："困难像弹簧，你弱它就强。"反过来其实也是成立的，你越强大，弹簧就越无力将你施加的力量反弹回来。

有人说："只有经过地狱般的磨炼，才能锻炼出创造天堂的力量；只有流过血的手指，才能弹奏出世间的绝唱。"人的潜能，常常是在压力和逆境中发挥出来的，不逼自己一把，你怎么知道自己还有多大的能量？

出生在单亲家庭的勒布朗·詹姆斯，从小生活在贫民区里，贫困的单亲母亲常常连房租都交不起，生活极为艰辛。3岁那年的圣诞节，他收到的礼物——一套篮球玩具，改变了他的人生。一边玩着玩具，一边看着电视里"飞人"乔丹的精彩投篮，小小的他爱上了篮球。

9岁时，詹姆斯为了维持生计加入了附近的青少年橄榄球队。3年后他在一场比赛中受伤，教练沃克在家访时发现了他的家境和他对篮球的热爱，便把他接到自己家生活，让他不必小小年纪就为了生存而苦苦挣扎。

高中时他加入了校篮球队。一开始的兴奋劲儿过去之后，他出现了短暂的松懈。沃克提醒他说："如果你不够努力，就会永远生活在贫民窟里。但如果你逼自己一把就能成为NBA的球员。"詹姆斯的"小骄傲"被泼了一盆冷水，从此开始发愤图强。后来，詹姆斯成为NBA史上第二位在同一年里囊括"年度最有价值球员""总冠军""总决赛最有价值球员""奥运冠军"四大荣誉的球员。而第一位，正是他从小到大的偶像——迈克尔·乔丹。

有人问沃克是如何影响詹姆斯并促使他取得今天这样的成绩的。沃克说："我只是把努力和不努力带来的两种结局都告诉了他而已。"很多时候，成功是逼迫的结果。詹姆斯对苦难的深刻体验本应成为激发他前进的巨大动力。所以，沃克除了为他描绘因努力获得成功后的美好的蓝图之外，也为他描绘了因不努力而导致的糟糕未来，以逼迫詹姆斯为自己的人生画下底线，从而奋发图强。

每个人都拥有一座能量宝藏，其中的能量远远超出你的想象。当你开始逼着自己成长，就会发现一个越来越优秀的自己。很多时候，你停下脚步就等于后退，不要胆怯，大胆向前走，一定能看到海阔天空。

正所谓，困境创奇迹，时势造英雄。人的潜力很多时候都是逼出来的，学会化压力为动力，你就能在崎岖坎坷的路上顺利地走下去。

Chapter 2
自信：自信是行动的关键，奠定输赢的基础

想要成功先得相信自己能够成功

在奋斗的过程中，自信激励着人们克服困难，勇往直前。

——题记

李白说"天生我材必有用，千金散尽还复来"。自信是每一位优秀人才必须具备的能力，一种相信自己能做好事情的能力。

自信心激励我们克服困难、勇往直前。一个自信的人，能够正确认识自己，适当地评价自己的能力、价值、品格等综合因素，取长补短，在让自己变得更好的同时，也会让自己变得更加自信。

自信心的培养是一个良性循环的过程，而自信程度则决定了能力的发挥，同时能力的大小也影响着自信心的形成。自信是成功必备的能力，也是你征服他人的人格魅力。一个自信的人,在影响自己的同时,也会让身边的人不自觉地信服。

自信是工作或生活的醒脑剂,能让自己时刻保持精神抖擞的状态。一位伟大的领袖曾说过:"在我的字典中没有不可能。"这是多么豪迈的自信!相信自己是有价值的人,你就能变成有价值的人。

美国一位名叫劳伦·斯科尔斯的女经理接管了一家即将破产的纺织工厂。这家工厂已经连续3个月没有接到一份订单了,员工们的情绪都很低落。劳伦通过认真地研究与分析之后坚信,这家工厂完全有能力重新营业。不过,她相当清楚,当前最重要的,并非是解决工厂经营的问题,而是怎样将员工们的斗志唤醒,怎样帮助他们消除低落的情绪,让他们再次变得自信起来。于是,劳伦召开了一次全体员工大会。

在会上,劳伦并没有直白地向员工们阐述自信的重要性,也没有夸口说自己能够救活工厂。在刚开始时她问了员工们一个问题:"各位,你们觉得,一个身体健康的人与一个身体有残疾的人比起来,哪一个更容易获得成功呢?"员工们不知道她想要说什么,只能老实地回答:"自然是健康的人。"

劳伦微笑着点头道:"大多数人都是这样想的,但是我却不这么认为。有一次,我与两个朋友一起去探险。我的这两个朋友一个是聋哑人,一个是盲人。我们打算去一处风景如画的深山中游玩。然而,没有想到的是,半路有一个地势十分险峻的峡谷拦住了我们的去路。那个时候,我真的非常害怕,因为

Chapter 2
自信：自信是行动的关键，奠定输赢的基础

我不仅看见峡谷非常深，而且能听见涧底的水流也相当湍急。更要命的是，通向对面的唯一道路仅由几根光秃秃、晃悠悠的铁索搭建而成。我知道，如果我稍有不慎从上面掉下去，必然会丧命的。"

听到这里，员工们的脸上也显露出十分紧张的神情。劳伦接着说道："原本我认为我的两个朋友肯定也像我一样吓坏了，但没有想到的是，她们竟然丝毫不害怕，十分淡定从容地走了过去。最后只剩我一个人还留在原地。我感到十分奇怪，之后就问我那两个朋友是怎么做到的。我的盲人朋友告诉我，因为她的眼睛看不到，所以并不知道山很高，桥很险，于是很平静地走了过去。而我那个聋哑人朋友则告诉我，她的耳朵听不到，因此，不知道脚下的河水在疯狂地咆哮，也就没有感到太大的恐惧。"员工们听到这里都是一副豁然开朗的样子。

这个时候，劳伦开始进入正题："各位，正是由于我太'健全'了，所以才考虑得太多，从而丧失了走过去的勇气。事实上，阻挡我前进的并非峡谷与铁索，而是我在面对现实时所产生的恐惧。现在，你们当中有不少人都对工厂如今面临的状况感到十分恐惧，其实这种心态与那时的我是一样的。阻挡你们的其实不是艰难险阻，而是你们内心的恐惧。"

那次会议之后，纺织厂的所有员工都变得斗志昂扬，干劲十足。没过多久，工厂就重新开工，并逐渐走上了正轨。当人们问他们为何会发生这样大的改变时，那些员工们微笑着说：

"我们不能让内心的恐惧阻挡前进的脚步。"

这个故事给我们揭示了一个极其深刻的道理：自信就是一种坚定的信念，同时也是一种顽强的意志，能帮助我们激发潜能；恐惧则是这种信念与意志的头号大敌，会让我们停下前行的脚步。

成功的人之所以成功，是因为他们能够准确无误地看清自己的优点和缺点，及时扬长避短，找到自己的目标并以最为正确的方式去达成，而且会在达成的过程中不断地学习、完善自己。相反，失败的人之所以失败，并不是因为他们的能力不够，也不是机遇与他们擦肩而过，而是他们要么无法发现自己身上的缺点，要么妄自菲薄，不了解自己究竟有多大的潜力。所以，我们只有相信自己，脚踏实地，发挥自己的长处，才不会让梦想变成一场遥不可及的梦。

Chapter 2
自信：自信是行动的关键，奠定输赢的基础

不是精英，至少让自己看起来像是精英

> 人的信心不仅仅来自自己强大的内心，还来自周围人对他的态度和认可程度。如果你忽略了外在，那些通常以容貌、着装、表达能力等这些外在因素来衡量一个人的能力的人一定会看轻你，从而让你的自信心受到打击。所以一定要让自己看起来像个精英，尤其是在你还不是精英的情况下。
>
> ——题记

精英是指行业中被精选出来的最拔尖的那部分人，一般用来形容各行各业的优秀人物。

要成为一个行业中的精英，绝对不是一日之功，但是在成为精英的路上，要时刻以精英的标准来要求自己。要在不断地完善自我的过程中，得到更多的赏识、更多的信任，从而让自信永远处于"满分"状态。有了十足的信心，就成功了一半。

很多时候，人都会有先入为主的思想，"第一印象"往往会影响人与人之间的交往。如果第一眼给人留下的印象不好，那么在之后的工作中，也许就会十分被动。

薛丽是一家房产公司的销售主管，上任已经半年了，但是工作仍然很难安排下去。她能升任销售主管是因为她的销售能力强，但是在她当上销售主管后所带领的团队里，很少有人会严格认真地执行她分配的任务，这让她非常困惑。虽然她自己的销售业绩仍然很好，但其他员工的业绩一点儿都没被带动起来，她所带的团队业绩有时甚至比她加入前的业绩还低。

人事经理见经过半年的时间她还没有成长为一个合格的管理者，非常失望。薛丽也觉得自己不是管理的料，有些心灰意冷。经过再三考虑，她向人事经理提出辞去主管一职。当时正好公司的总经理也在人事部，便阻止了她，并将她带到自己的办公室进行了一次谈话。

第二天，薛丽团队的员工就有了一个非常明显的感受——薛丽和以往不一样了。从前的薛丽，喜欢穿蓬蓬裙，化妆比较明艳，说话也总给人一种很天真的感觉。而这一天的薛丽，穿着正装，口红和眼影的色彩趋于端庄稳重，在给大家分配任务时，声音掷地有声，跟以往相比完全变了一个人。

当时有个员工打趣薛丽官架十足，她一本正经地告诉对方，以前她的工作方式有误，以后会慢慢改正，希望能得到大家的支持。看到她严肃认真的样子，虽然大家心里一时有些别扭，

Chapter 2
自信：自信是行动的关键，奠定输赢的基础

但都不敢再随便把她的话当成耳旁风了——尤其是在一名员工因房源信息掌握不完整而损失了一个客户之后。那次她没有像以前一样去安慰对方，而是严厉指出造成这一结果的原因——那名员工工作不认真，总是认为销售是个靠运气的工作。

从那以后，她手下的员工慢慢开始认可她，她的工作也得以顺利开展。很快，她所带团队的业绩远远超越了过去，得到了公司领导的认可和奖励。

人的信心不仅仅来自自己强大的内心，还来自周围人对他的态度和认可程度。如果你忽略了外在，那些通常以容貌、着装、表达能力等这些外在因素来衡量一个人的能力的人一定会看轻你，从而让你的自信心受到打击。所以一定要让自己看起来像个精英，尤其是在你还不是精英的情况下。

薛丽从销售精英成为管理精英，是从她将自己打扮成管理精英并重新审视工作、拾起自信开始的。当你还不算是职场精英时，将自己打扮得像"精英"，也会得到他人更多的尊重和认可，从而让自己变得更自信、更优秀。

自信是你成就一切的前提

> 自信是成功的基石。相信自己的人，才能战胜挑战；相信自己的人，才能在生命的沼泽中发现机遇之路。
>
> ——题记

自信是成功的源泉。当困难摆在面前，你是否有勇气奋起反击呢？当你历经数次挫败，是否还能毫不动摇自己必胜的决心呢？当你遭受了许多菲薄甚至白眼，是否仍能坚信"天生我材必有用"呢？在没有真正碰到这些境遇时，许多人都会回答说：没有问题。但这说起来简单，做起来就比较困难了。希望每个人都能真正做到这些，让自信成为自己的支柱，成为成就一切的前提。

一位哲学家快要行将就木，还没有找到一个合适的继承人将自己的理念传承下去。他对跟随自己多年的助手说："我的时间所剩不多了，得找人继承衣钵，你明白吗？"

助手立刻回答道:"请您放心,我一定会让您的思想传承下去。"

哲学家告诉他:"我的继承者,不但要有很高的智慧,还必须有充分的信心和非凡的勇气。"

从那一天开始,助手不辞辛劳地四处寻找,用尽了各种办法,找来的人却都不尽人意。在又一次送走了几位候选者之后,哲学家低声对他说:"你找来的那些人都很优秀,但都比不上……"不等他说完,助手立刻保证说:"您放心,我一定会更加努力,找到那个最优秀、令您满意的人。"

半年多过去了,助手仍然没找到那个最优秀的人,可哲学家已经大限将至了。助手看着病床上的哲学家非常愧疚地说:"对不起,我令您失望了。"哲学家用尽最后的力气告诉他:"失望的人是我,对不起的却是你。最优秀的那个人本来就是你啊,但你不敢相信,忽略了自己。你在我眼里是最优秀的。"随后,他就带着遗憾离开了人世。

自信是力量的源泉,自卑是走向成功的最大的敌人。自卑之心让宝珠蒙尘,让本该创造奇迹的人变得平庸不堪,让一颗充满创造力的心布满阴影。我们对未知事物的胆怯、畏惧,都是源于自卑。当一个人不够相信自己,就会成为自卑的奴隶。如果不能战胜自卑,那你下再大的决心也没有任何意义,因为你从心底觉得自己做不到这件事。克服自卑心,树立自信心,是一个人成长、成功的必经之路。

有位成功人士说过："自信能给你勇气，使你敢于向任何困难挑战；自信也能使你急中生智，化险为夷；自信更能使你赢得别人的信任，从而帮助你成功。"

战国时期，秦国有意攻打赵国。赵国当然不能坐以待毙，所以让平原君带领20个人去楚国求助并希望与楚国建立联盟一同抗秦。平原君挑选了19位文武双全的门客，却总也挑选不出第20位令自己满意的人。正在他苦恼之际，一个叫毛遂的学生自荐而出。平原君觉得他不自量力："有本事的人就像尖锥放进布袋，锥尖会很快显露出来。你来了三年，却一直默默无闻，就别去丢人现眼了。"毛遂平静地回答道："公子如果早日把我放进布袋，整个锥子恐怕都扎出来了。"平原君被他的自信打动，愿意相信他有真才实学而不是虚张声势，当下决定收毛遂为门客。

后来，到了楚国，楚王对联盟一事犹豫不决时，毛遂挺身而出，分析利弊，说服了楚王，使得赵国与楚国顺利结盟。

"毛遂自荐"自此也成为一个自己推荐自己的专用词语，充满自信。

英国作家夏洛蒂·勃朗特很小的时候就认定自己将来会成为一个著名的作家。中学毕业后，她就开始往写作这条道路上努力。

有一天，她向父亲说了自己的这一梦想，没想到父亲却对她说："写作这条路太难了，我认为你还是当老师比较好。"

即使父亲不认可她的梦想，她也没有动摇。

后来，她又给当时著名的作家罗伯特·骚塞写信，对他说出了自己的梦想。几个月后，她终于收到了回信，没想到罗伯特·骚塞也不赞同她的梦想。他在信中这样说："文学领域的风险很大，而你习惯遐想，这可能会使你思绪混乱，所以我觉得写作这个职业并不合适你。"

尽管如此，夏洛蒂也没有动摇自己的理想，因为她对自己的写作才华充满了信心。不管曾经有多少人在文坛上苦苦挣扎，最后无疾而终，她都不在乎，她坚信自己最终会脱颖而出。

终于，她先后写出了长篇小说《教师》《简·爱》等，成了文学界的名人。

一位著名科学家说："自信是成功的第一秘诀。"自信能够产生一种巨大的力量，它能推动我们走向成功。成功之路充满险阻，我们只有足够自信、永不屈服，才能发挥潜能、力争上游，并超越自我，走向成功。

自信是成功的支撑和保障，自信者人恒信之。自信的人，能占尽天时地利人和，把握稍纵即逝的机遇，在泥淖中拼出一条平坦的成功之路。

内心若有明灯，生活自带光芒

> 人生没有过不去的坎，只要你心中有一盏灯，就该知道自己人生的航向；只要你坚定目标，无畏前行，你的人生就会光芒万丈。
>
> ——题记

每一个成功的人，做事都有明确的目标，他们清楚自己在做什么、将要做什么以及要的是什么，在达成目标以前决不罢休。那个终极目标指引着他们奋勇拼搏，就像爱因斯坦所说："在一个崇高的目标支持下，不停地工作，即使慢，也一定会获得成功。"

人生没有过不去的坎，只要你心中有一盏灯，就该知道自己人生的航向；只要你坚定目标，无畏前行，你的人生就会光芒万丈。

海伦·凯勒 1 岁多时，就因患急性胃充血、脑充血而失去

Chapter 2
自信：自信是行动的关键，奠定输赢的基础

了听力和视力，甚至不能清晰地发音。就是这样一个人，竟然能成为美国20世纪十大英雄偶像之一，她的著作《我的人生故事》被誉为"世界文学史上无与伦比的杰作"。

她是怎样做到的？毕竟就算是一个健康人，能做到这一点也是非常困难的。

海伦·凯勒因为失聪而无法校正发音错误，只能含糊不清地说话。她想了个办法，把细绳系到金属棒上，再把金属棒一端放在嘴里、一端用手轻扶，说话时靠金属棒的震动来感知发音，并跟她触摸别人发音时嗓子和嘴的震动做比较，来逐渐矫正发音。其他聋哑人要达到能用盲文写信的水平至少需要1年，而海伦·凯勒只用了3个月。

她每天用在学习上的时间是10个小时，到底是怎样的信念在支撑着她？其实是因为她在自己心里点了一盏灯，虽然看不见光明，但她心里有光明，她知道只要努力，自己一样可以很优秀。

她终年88岁，有87年，她活在无光无声的世界里。她听不见声音，但她能说话；她看不到光，但她的精神世界里光辉灿烂。她说她这一生活得很快乐。是的，她是快乐的，她是一名残疾人，却取得了健康人都很难取得的成就。

成功的道路上经历了多少困难，只有她自己知道；经历了多少内心的煎熬，也只有她自己知道。面对困难，她从没有畏惧过，始终呵护着自己心中的那盏灯，昂首前行，终于用不屈的生命力书写出足以光耀后代的人生。

　　一位著名作家曾经说过："人生最可怕的敌人，就是没有明确的目标。"的确，目标是追求的梦想，目标是成功的希望。失去了目标，便失去了方向，失去了一切。我们常说，一个人没有梦想那和咸鱼有什么区别？完美的梦想需要自己脚踏实地地去拼搏、去创造。

　　成功的奥秘之一在于目标坚定。我们使用导航的前提是知道目的地，同样的道理，要想人生不迷失方向就必须先知道自己要往哪里走。拥有明确目标的人，即可主宰自己的人生，从而创造生命的奇迹。

Chapter 2
自信:自信是行动的关键,奠定输赢的基础

做自己喜欢的事,不要在意经历过多少次失败

成功的路上虽然布满荆棘,但是你有自信做伴、天赋护航,成功一定会在不远处等你。

——题记

廖容典是美国一家国际投资顾问公司总裁,他曾提出过一个非常著名的百分比定律:假如你会见了10位顾客,只在最后一位顾客处获得了200元的订单,那么,你应该如何看待前9次的失败与拒绝呢?

廖容典对此进一步解释说:"请记住,你之所以赚了200元,是因为你会见了10位顾客的缘故,而不是只有第10位顾客支付了这个订单,就代表前9位客户与这单生意无关。从概率学的角度来分析,正因为有了10次尝试,才促成了这一单。把200元的成交价均分给10个客户,那么,每位顾客都让你赚了200÷10=20元。所以,当你被拒绝时,你应该面带微笑,

给顾客敬礼,因为他让你赚了20元。"

日本日产汽车推销之王奥城良治也有类似的说法。

奥城良治在一本汽车杂志上看到这样一组数据:据统计,日本汽车推销员拜访顾客的成功率是1/30。换言之,每个推销员拜访的30名顾客中,就会有一个人买车。这条信息令他兴奋不已。

他通过这组数据得出结论:每个业务员只要锲而不舍地连续拜访29位客户后,第30位就是买家了。他同样认为,不但要感谢第30位买主,而且对先前的29位客户更应该感谢。因为,假如没有前面的29次挫折,怎么会有第30次的成功呢!

成功总是由前面无数次的失败累积而成。这便是"廖容典百分比定律"告诉我们的道理。

你最喜欢做的事,往往是你的天赋所在。只有当你对一件事物有比较深刻的认知时,你才会发自内心地对它产生兴趣。兴趣是最好的老师,是你最佳的引路人。在兴趣的驱使下,你会身心愉悦地去完成在别人看来枯燥、繁重的工作,并在不断地坚持中,获得开启成功之门的钥匙。

找到一件你心甘情愿地为之付出时间与汗水,愿意为之奉献一生的事,那么无论你将会遇到多少次失败,你都能以十足的信心、愉悦的心情投入到事业中去,你的每一天都会是充实的。成功的路上虽然布满荆棘,但是你有自信做伴、天赋护航,成功一定会在不远处等你。

我有一个亲戚,他只读了高一就辍学了。当时他的父母和

Chapter 2
自信：自信是行动的关键，奠定输赢的基础

我们这些亲属都不同意他那么早就辍学，但他自己坚持不读书了。我们至今也不知道学校里发生了什么事情让他如此排斥上学，他的成绩是非常好的，按理来说他是不应该厌学的。

他家是农村的，他辍学后就跟随父母回家务农了。不过他的农活做得并不好，一度让父母头疼不已。他已经不读书了，再不好好种地，将来靠什么生活呢？我曾经和他谈过一次，问他的打算。他给我看了他买的一些书，都是关于摩托车和农用车修理的。虽然那时我已经大四了，但是一点儿也看不进去这些书，感觉像看天书一样。我诧异地问他，能看得进去吗？他腼腆地笑了一下，然后告诉我，开始两年是有些费劲，不过自从他家里买了摩托车和农用车之后，看不明白的时候，就拿自家的车折腾，现在看这些书已经没有任何问题。不过他还没有太多的实践机会，因为那时有摩托车和农用车的家庭并不多，真有问题，人家也不敢让他一个没有经验的孩子来修理。

我问："你不怕自学不好，以后成不了专业的维修人才，最终无法在社会上立足吗？你学习那么好。只要坚持下来考个好大学，将来找个好工作，坐办公室多好啊！"他笑了笑说，他就喜欢机械修理，坐办公室并不是他想要的工作；他以后会到一些专业的维修学校好好进修，他一定会成为他们那一片最好的维修师傅的；现在他技术不好，别人不相信他，他并不放在心上，他喜欢做这一行，而且也相信自己将来一定能成功。

在我走上工作岗位的第三年，他竟然真的成了他家那一带最有名的汽车维修师傅。谁家的车有了问题,最先想到的就是他。他的月收入将近是我的三倍,这还是在他给别人打工的情况下。我知道,如果有一天,他觉得自己历练够了,开了自己的维修厂后,他的收入将会更可观。更重要的是,他一直在做自己喜欢做的事。

再次见到他时,原来他脸上的淡然已经不见了,而是充满了自信、快乐、幸福的神采。

不要害怕失败,要相信自己,坚持做自己喜欢做的事情,这样你的天赋会得到发挥,人生也会每天充满喜悦。

活在当下,活出自己的特色,而不是活在别人的目光里、别人的认知中。你的幸福与成功,只有你自己才能真正体会到。做自己喜欢的事,无论经历多少失败,尽情挥洒自己的智慧与汗水,把自己的天赋发挥出来,努力实现自己的愿望,谁会说这不是成功的人生呢?

Chapter

拼搏：自己不扬帆，没人帮你起航

每个人心中都有梦想，只不过，有的人为了梦想的达成勇于拼搏，而有的人只是想想而已。路是人走出来的，而不是想出来的。成功是用汗水和智慧凝结出来的，不是凭空想出来的。只有脚踏实地地去拼搏，才能扬起理想的风帆，在人生的大海上畅行。

01

你不是不够幸运，而是不够努力

> 人们总是只看到别人成功后的风光，而忽略别人成功前所付出的努力；总是抱怨自己有多不幸，却看不到失败的真正原因在哪里。没有人能轻易成功，看不到别人为成功所付出的努力，恰恰是你不能获得成功的原因。不是你不够幸运，而是你不够努力。
>
> ——题记

人的一生中，运气与努力一直相依为伴。止步不前、优柔寡断、摇摆不定、虎头蛇尾的行为都是通向成功之途的障碍，只有不断进取才有可能获得好运的青睐。

成功是一个由量变到质变的过程，你还没有成功，只能说明你为成功所做的积累还不够，而并不是你运气不够好。黎明前的天总是更黑一些，成功到来前，你所承受的压力会更大，面对的问题也会更多。在这种时候一定要挺住，不要轻言放弃。

Chapter 3
拼搏：自己不扬帆，没人帮你起航

此时放弃，你最对不起的人就是你自己，对不起自己曾经付出的努力，对不起自己曾经所受的煎熬。

张蕾蕾是农民的孩子，因为家里没钱，她没有去城里念过书，从小上的只是村里、镇上的普通学校，但她靠着自己的努力最终考上了大学。不幸的是，从她考上大学那一年起，大学毕业生不再统一分配工作。

大学的生活丰富多彩。当同学们在各种社交活动中挥洒青春的汗水时，张蕾蕾安静地躲在阶梯教室里学习专业课以外的电脑知识。大三时，她开始去一些电脑培训公司做助理。助理的工资非常低，远远比不上做家教的收入，但她还是一直坚持着。

有人问她怎么不去做家教呢？张蕾蕾说："在电脑培训公司能接触到各种办公设备，每天早一点儿去，可以从中学到好多知识。"她的同学都觉得这个农村孩子太傻，多干活少赚钱每天还乐滋滋的。

毕业后，张蕾蕾成了电脑培训公司的一名全职员工，虽然收入仍然不高，但总算有了个工作。更重要的是，她有更多的时间来学习办公设备的使用和简单维修方面的知识了。很快，聪明好学的她学会了当时所有常用办公软件的使用方法，对办公设备的维护和简单修理也是得心应手。

半年以后，当地报社照排室要招一名办公设备维护人员，要求这个人最好还会排版。好多人都想去应聘。在二十多个应聘者中，只有张蕾蕾既能处理办公设备的一些常见问题，又会使用多种办公软件。最后，在报社的招聘考试中，张蕾蕾凭着笔试成绩第一名和出色的实践操作表现脱颖而出。她终于靠自己不懈的努力，找到了一份人人羡慕的好工作。

人们总是只看到别人成功后的风光，而忽略别人成功前所付出的努力；总是抱怨自己有多不幸，却看不到失败的真正原因在哪里。没有人能轻易成功，看不到别人为成功所付出的努力，恰恰是你不能获得成功的原因。不是你不够幸运，而是你不够努力。

在一次体育考试中，一个又瘦又黑的女孩拼尽了全力，也没能进入省女子足球队。考试结束后，其他考试失败的女孩都离开了，只有她伤心地坐在球场边上，看专业队员们训练。教练看到她的样子，有些不忍，便安慰她。

女孩用饱含泪水的眼睛看着教练，哀求道："教练，您能让我留下吗？"

教练很为难，抱歉地说："对不起，我们的主力队员已经够了。"

女孩急切地说："您让我做个替补队员就行。我可以给主力队员做后勤，帮他们送矿泉水、拿衣服。"

教练觉得很好奇，便问道："你为什么宁愿做后勤也要留下呢？"

女孩回答道："因为在这里我有机会成为主力队员，这里是离成功最近的地方。"

最终,教练留下了这个女孩。

之后,球场上多了一个瘦小的努力的身影。没多久,她的坚持不懈就为她赢得了一次宝贵的机会。在一场比赛中,一个前锋队员临时受伤,教练一时找不到合适的人,只能让她上场了。出人意料的是,女孩儿在关键时刻连进两球,帮球队赢得了比赛。之后,这个女孩就成了省女子足球队的主力队员,后来更是进了国家队。

这个女孩就是1999年女足世界杯金球、金靴奖得主,被誉为"铿锵玫瑰"的孙雯。

很多时候,我们都会羡慕别人的生活,却不知道别人为了过上自己喜欢的生活付出了多少辛苦与汗水。

幸运不是少数人的专利,而是可以通过努力获得的机遇。请相信,机遇总是偏爱那些有所准备的人,你的努力,终将成就幸运的自己。

将来的你，一定会感谢现在拼搏的自己

> 世上没有一蹴而就的好事，更没有一步就登天的道理，只有坚持者才能战胜命运的挑战。
>
> ——题记

雄鹰要经过无数次的试飞，才能在蓝天中翱翔；大树要经历狂风暴雨，才能在风中挺立；贝壳要经过几十年的锥心之痛，才能孕育出珍珠……我们要经历无数次挫折和磨难，才能成长。在坎坷的人生道路上，挫折就像荆棘，踏上去会遍体鳞伤，但没有含泪播种，又何来含笑收获？

战胜挫折，需要坚韧不拔的奋斗精神。当人生陷入低谷，弱者会一蹶不振，强者则会浴火重生。

有"澳门CEPA第一人"之称的王爱民，出生于山东济南郊县的一个农村家庭。初中毕业后她就踏上了南下打工之路。她坐了几十个小时的火车一路颠簸到了广州火车站，但刚下火

Chapter 3
拼搏：自己不扬帆，没人帮你起航

车钱包就被偷了，小偷偷走了她的全部财产——900元钱。她看着破掉的背包欲哭无泪。身无分文的她无奈之下只能徒步去珠海。她走了两天两夜才到达珠海。期间全靠向好心人乞讨，或者给路边餐馆洗碗换饭吃。到珠海后，她进入了一家制衣厂做工人，每天都要工作十几个小时，工资却少得可怜。后来因为不公平待遇与工厂发生争执，她被厂方辞退。

在老乡的帮助下，王爱民又在另一家制衣厂当上了车间组长，并在工作期间报名参加了英语业余培训班。再后来，她跳槽到了一家英语培训中心做文员。这时她结识了澳门人林强盛，两人很快就结了婚。

王爱民并不满足于婚后安逸的生活。于是，她一边带孩子，一边重新捧起书本，两年后，拿到了中山大学法律系成人大专毕业证书。接着，她又参加了全国统一律师资格考试，并以全国第九名的成绩考取了律师资格。可是，天有不测风云，就在此时王爱民的丈夫失业了，王爱民不得不挑起养家的重担，外出工作。

王爱民一边在法律行业"打零工"，一边到澳门大学读法律导论班。同时，她还苦练葡萄牙语。苦苦学了两年，王爱民总算熟练掌握了澳门法律和葡萄牙语，但因为她不是澳门本地的法学士，所以还是不能在澳门当律师。之后她又报名学习中国政法大学的硕士研究生课程，期望拿到更权威的文凭。学习期间，她只能做文员、律师助理甚至打杂的工作，收入很低。

后来CEPA规定，取得内地律师资格的澳门居民能到内地实习并执业，王爱民因此进入珠海著名的德赛律师事务所实习。过去，王爱民屡屡碰壁，但CEPA实施后，她由于通晓内地与澳门两种法律体系，顿时变成了稀缺人才。不到两年的时间，王爱民由一个家庭主妇、澳门律师行业的"打杂工"，变成了社会精英。不久后，她成立了自己的公司，并做得风生水起。

王爱民几次成功蜕变，都离不开她的努力和面对磨难时的乐观态度，否则，她不会认识林强盛，也不会由一个家庭主妇变身为知名律师、公司老板。王爱民婚后生活幸福、安逸，但她并没有放弃拼搏，她要以自己的行动告诉自己的两个女儿：时代永远青睐那些有知识、有能力的人，机会总是垂青于那些有准备并且时刻在拼搏的人。

世上没有一蹴而就的好事，更没有一步就登天的道理，只有坚持者才能战胜命运的挑战。

只要我们有毅力，身处逆境又何妨！世界欺负你的弱小，你就努力让自己变得强大。跌倒后站起，再跌倒，再站起。只要你不被恶劣的环境影响，怀抱希望、虔心播种，总有收获的一天。我们要勇于把不可能改写为可能，把泪眸换成笑眼。

Chapter 3
拼搏：自己不扬帆，没人帮你起航

人的幸运不是上天给的，而是靠自己一点点拼搏来的

面对挫折，只有战胜它，才可以让自己更好地走下去。如果一遇到挫折，就选择逃避，只会让自己的人生一直处于灰暗中，永远也无法获得成功。

——题记

很多时候，我们所以为的幸运，其实是别人努力了好久才发出的光。承认这一点，是我们进步的开始。与其把成功归结在"运气"这种虚幻的东西上，倒不如将其建立在我们可以驾驭的东西上，比如勤奋、努力、拼搏。

做成每一件事，达成每一个心愿，都是你自己努力拼搏的结果。齐柏林如果当年没有花那么多的钱，顶住那么大的压力，他不会成为飞艇之父。居里夫人如果不努力，她不会成为放射性化学和原子能物理学的奠基人。成功不是天上的雨点，会随便砸在哪个人的头上，每个人的成功都是自己拼搏出来的。

邻居家有一个男孩儿，高考时连普通高校的分数线都没有达到，最终念了个不是很好的职业高中。但是他现在在一家外企工作，职位是软件测试工程师。他的很多亲戚朋友都说他幸运，入对了行。

我对他的情况了解得比较多。我深深知道他的成功并不像人们表面上所看到的那样。他以前不爱学习，比较贪玩，所以学习成绩一直不理想。他家里是经营综合超市的，生意很好，他原本打算职高毕业就接手家里的综合超市。

不过计划赶不上变化。读职高的时候，他交往了一个女朋友。这个女孩的家庭条件非常差，初二就辍学外出打工了，工作的地方正好在他学校附近。他们很谈得来，最终确立了恋爱关系。但是他家里非常反对他们交往，还威胁他如果不和女孩分手，那么职高毕业后就会切断他的经济来源，让他自己找工作养活自己。

为了以后的生活，他不再像以前那样大手大脚地花钱，同时抓紧了文化课的学习。他的英语成绩很不好，当年他的英语是以34分的成绩在年级垫底的。为了不影响以后学习计算机语言，他拼命补习英语。最终他以总分全班第一的成绩考上了一所大专。虽然依然不是很好的学校，但是专业还不错，他被计算机技术专业录取了。看他在职高也能考上大专，他的父母很高兴。他让女朋友在自己的学校附近找了一份工作，同时让她利用业余时间学习平面设计。

他攒钱订阅了一些招聘报纸，以了解行业动态。他通过分析

Chapter 3
拼搏：自己不扬帆，没人帮你起航

报纸上的信息了解到，软件测试是一个新兴的行业，专业人才不多，各大院校也没有开设相关的课程，但这个行业的前景非常好。于是，在保证学好学校功课的前提下，他到外面的权威培训学校系统学习了软件测试。高昂的学费，都是他和女朋友一点点攒出来的。

毕业后，他找了一份软件测试的工作，工资只有1200元，与他的期望值相差甚远，但他只当这是一个实践的机会，在那里坚持了两年。技术成熟后，他就毅然辞职了，他想积累更多的经验，接触更多的软件测试方案。

之后，他又跳了两次槽，每次都是做两三年左右。最后，他进入一家外资企业，当上了软件测试部门的经理。我笑着问他还跳不跳了，他说不再跳了，这个行业他了解得差不多了，而且目前的环境和待遇都比较称心，准备好好做几年。

如今他的孩子已经上小学了，房子也有三套了，当年的女朋友成了现在的妻子，也已经是个平面设计高手。两个人的日子过得格外顺心。

他是幸运的，家庭幸福，工作顺利。这是他努力的结果。

机会是留给有准备的人的。只有努力拼搏，当机会到来时，你才有能力抓住。

面对挫折，有些人选择了勇敢接受，有些人选择了逃避。不同的选择自然会成就不同的人生。面对挫折，只有战胜它，才可以让自己更好地走下去，但如果选择逃避，不去面对，就只会让自己的人生一直处于灰暗中，永远也没有那个"运气"成功。

努力永远不晚，拼搏永远不迟

> 罗曼·罗兰说："生活最沉重的负担不是工作，而是无聊。"在你生命的旅程中，一直保持拼搏的精神，你就会一直进步。努力永远不晚，拼搏永远不迟。只要你永远保持这个劲头，你的人生就会收获不断。
>
> ——题记

人生，需要我们去拼搏奋斗，冒着风雨勇敢前行。我们要坚定地告诉自己，泪水不等于失落，徘徊亦不是迷惑，只有那些战胜过失败，懂得努力拼搏，勇敢追梦之人，才能够得到成功女神的青睐。

总是有人觉得自己年龄大了，再努力、再拼搏已经来不及了，在后悔从前的不努力、忧愁未来的生活艰难中痛苦不堪。殊不知，努力的过程就是充实自己的过程，拼搏的过程就是打磨自己的过程。无论你年龄多大，只要从现在开始努力，那么

Chapter 3
拼搏：自己不扬帆，没人帮你起航

当下就是你开启今后人生的关键时刻，日后你也会越来越好。否则你只会越来越卑微，因为你只停留在原地，而那些本来就比你强的人却一直在进步。

我国古代的名医、金元四大家之一的朱震亨，是元代最著名的医学家之一。他年少时学习儒学，30多岁的时候，因母亲得病无医能治，才开始自学医术。经过3年的努力，他小有所得，又过了两年，他竟真的将母亲治好了。

年近四十时，他才正式拜在当时的名医罗知悌门下。他拜师诚意十足，学习非常刻苦，深得罗知悌的厚爱，最终学得一身高超的医术。

如果当时他怯于自己的年龄而不去拜访名医学习，我国的中医史上就会少了一位医学大家。

所以，不要总是觉得现在努力已经晚了，只要能够努力拼搏，无论从何时开始，永远不晚。

摩西奶奶的故事感动过很多人。她是闻名全球的美国风俗画画家。她从未离开过农场，是个未见过大世面的贫穷农夫的女儿、农场工人的妻子。76岁以前，她一直从事刺绣工作，因患关节炎，不得不放弃刺绣后，她才拿起画笔开始绘画。从76岁到101岁过世，25年的时间，她一共画了1600多幅画，平均每年画64幅，每个月超过5幅。

她在80岁举办了个人画展，90岁后，她的作品畅销欧美。有人说摩西奶奶有绘画天赋，我们不能否认，能取得这样的成绩，天赋是必需的。但是成就她的不仅仅是天赋，还有她敢于从高龄开始努力拼搏的精神。即使年老，她也一直坚持着，从76岁到生命的终结，她从不曾放弃努力。

还有这样一个故事。

一个日语学习班开始报名时，来了一位老者。

前台负责登记的小姐问："您是给孩子报名吗？"

老人回答："不，给我自己报名。"

小姐露出了很惊讶的表情。

老人解释道："我的儿媳妇是一个日本人。他们每次跟我通电话或视频，说话我都听不懂，很着急。"

小姐问道："您今年高寿？"

老人回答："68。"

小姐笑着说道："您把日语学到能听懂他们说话的程度，最少需要两年。可两年后，您都70岁了！"

老人听了小姐的话后幽默地反问道："姑娘，如果我不学，两年之后就能回到66岁吗？"

小姐哑口无言。

的确是这样，不管我们干什么，时光都在以同样的速度流逝。在一样长的时光中，有人有所收获，有人仍然在原地踏步。

华为创始人任正非，44岁才开始创业，但经过不懈奋斗，他最终一手缔造了华为这家世界通信巨头。

娃哈哈集团创始人宗庆后，42岁时靠着借来的14万元接手

Chapter 3
拼搏：自己不扬帆，没人帮你起航

一家连年亏损的工厂，并开始蹬平板车卖冰棍、文具。但他44岁时创办的娃哈哈食品厂，后来成了中国最大的饮料集团之一。

朋友，记住：只要开始努力拼搏，永远都不晚。

拼搏与成功牵手，且密不可分。所有成功，都离不开勤奋的推动，都凝聚着勤奋拼搏的心血和汗滴。

在寂寞的时光里，逼着自己成长

在成长的过程中，每个人都会遇到这样那样的阻碍，只有在寂寞中逼着自己坚持不懈，你才会知道自己有多大潜能，有多么优秀。

——题记

成长的道路是布满荆棘的，只有努力强大起来，才能得到生活的厚待。

在成长的过程中，每个人都会遇到这样那样的阻碍，身边人不认同你的目标是让人最难克服的心理阻碍。不被认同的人是寂寞的，是孤独无助的，很容易从心里对奋斗目标产生动摇，从而逐渐丧失坚持下去的恒心，更没有了为达成目标克服一切困难的勇气。只有在寂寞中逼着自己坚持不懈，你才会知道自己有多大潜能，有多么优秀。

心理上的寂寞无助，不仅容易让人轻视自己在树立目标时的理智分析，还容易让人被从众心理主宰。因为大多数人的努力需要别人的认可,需要别人不断地恭维。但事实上,不是每一个目标都会被人看好,不是每一分努力都能得到认同。想要成长,就不要依赖别人的认可与推崇,坚定自己的理想,不随波逐流,在寂寞的时光里,守住寂寞、耐住孤独,不断努力、不断进步,逼着自己成长。这样才能让自己摆脱"泯然众人矣"的困境,在平庸中脱颖而出,成就一个非凡的自己。

达尔文当年能完成《进化论》的研究,就是因为能够坚持自己的理想,并为之努力。达尔文小时候,所有的老师和长辈都认为他资质平庸;成年后,他的父亲也斥责他放着正经事不干,整天只管打猎、捉狗、捉耗子。但身边人的不认同,没有打击到达尔文,他默默坚持自己的理想,最终成功了。

别人的认同不应该成为你坚持梦想的理由,你的执着和努力才是最重要的。在寂寞中坚持不懈,在寂寞中成长,即使平凡的人,也会获得成功。

张洋的学习成绩很好,但因为家庭条件不好,只好报考了学费很低的师范学校。她很喜欢计算机专业,但在那个年代,师范类院校还没有开设计算机专业,于是她选择了一所知名师范大学的英语专业。

她们宿舍一共有八个人,平时一般都是两两做伴,一起上下学,一起打饭。可是渐渐地,不再有人找她做伴了。因为人家在考虑哪个餐馆的饭菜好吃的时候,她想的是到哪个书店能买到计算机编程书籍;别人在考虑哪个牌子的化妆品更适合自己的时候,她在去往计算机上机室的路上……

其他人都在考虑如何把大学生活过得丰富多彩,而她正走在拯救理想的路上。她不想一辈子都没有机会从事自己喜欢的职业,所以她一直在想办法弥补这个缺憾。

室友们曾多次劝她不要那么执着,做编程多费脑筋啊!一般只有男同学才会喜欢去做,而她们这些女生,只要学好英语,以后无论是做大学老师还是去做翻译,都可以活得既美丽又潇洒,像张洋这样想两科兼顾,既辛苦又不一定能达成所愿。

有几次她也动摇过,为什么要把自己搞得那么累呢?看看室友和同班的同学,人家活得多轻松啊!以他们所在学校的知名度以及英语这个专业的热门程度,毕业以后找个好工作根本不是多难的事。

经过反复地思考,她坚定了自己的信念。人不能随波逐流,为了理想她愿意忍受寂寞。

四年过后,她毕业了。因为在英语和计算机两个领域里所取得的成绩都非常优异,她最终被一家很有名气的网络公司录用,实现了自己的理想。

成长是一个长期的过程,把经历变成你成长的助力还是阻力,取决于你如何去应对它。应对得当,你就是人生的赢家,反之则一败涂地。

生命中的寂寞与孤独都是人生不可逃避的经历,让我们用所有的孤独陪伴成长,将所有的寂寞用于酝酿花开。在寂寞中成长,在成长中让生命之火得以升腾。

Chapter 3
拼搏：自己不扬帆，没人帮你起航

人生需要方向，梦想需要坚持

> 追求梦想需要拼搏精神。不管现实中经历了多少无奈和痛苦，请一直保持信念与希望，在追求梦想的路上拼搏到底。
>
> ——题记

梦想是人们心中的信念与希望，是对人生的一种美好期盼。每个人心中都有梦想，向往美好的事物是人类的本性。一个人敢于追求自己的梦想，一定具有极大的勇气，因为在追求梦想的路上，来自心灵深处的期盼，会让他越挫越勇，让他变得更加坚定执着。

这个世界不会亏待任何一个优秀的人，人生就要耐得住寂寞，坚持梦想才能走向成功。每一个优秀的人，都有一段拼搏的时光。忍常人所不能忍，坚持常人所不能坚持的，就一定能迎来常人所达不到的成功。

邰丽华是一位聋哑人士,但如今她的标签是舞蹈家、中国残疾人艺术团团长、艺术总监。生活在无声世界里的她是如何做到的呢?

邰丽华2岁失聪,从此进入了无声的世界。她进入聋哑学校后接触了律动课,教师通过踩踏木地板下的象脚鼓,让失聪的孩子理解什么是节奏。邰丽华从此爱上了舞蹈,梦想着自己有一天也能成为一名舞蹈演员,用舞蹈去展示生活中的美与大爱。

她在残联的帮助下进行了正规的舞蹈训练,一路走来克服了许多常人无法想象的困难。因为听不见也说不出,一般的舞蹈老师很难与她进行有效的沟通。曾有个舞蹈老师看她底子不错,想要亲自指导她,但仅仅是想要纠正她的叉腿不到位、提腿不准确、手位不协调三个问题,就让这位老师失去了耐心,把她一个人留在了排练厅里。

为了能让老师满意,也为了不让自己的梦想落空,她将《雀之灵》一曲的七百多个节拍全部背了下来,并在半个月的时间里将舞蹈动作与节拍完全融合。对正常人来说,这只需要几天的时间,因为在音乐的引导下,完成这一切并不是一件多难的事,但对生活在无声世界里的她来说,要做到这一点,就要不停地重复,反复地记忆。

杨丽萍看了她跳的《雀之灵》后,非常吃惊,没想到在听不见音乐的情况下,她竟然能跳得那么有韵味。没人知道她在

Chapter 3
拼搏：自己不扬帆，没人帮你起航

人后究竟付出了多少努力。

凭着对梦想的执着，一路勇敢前行，她的努力终于有了回报。她的舞蹈不仅得到国内观众的认可，在国际上也引起了很大的反响。她被"无国界文明艺术节"的艺术总监称为"美与人性的使者"。邰丽华是第一个可以在世界顶级艺术殿堂——纽约卡内基音乐厅里悬挂剧照的中国舞蹈演员，那是一张她跳《雀之灵》的剧照。

邰丽华的成功，让无数残疾人鼓起了追求梦想的勇气。她不只是一个人成功了，更带动一批人走向了成功。邰丽华是中国残疾人艺术团的形象大使，她把中国残疾人艺术推向了世界，成为"人类特殊艺术的火种"。

追求梦想需要拼搏精神，不管现实中经历了多少无奈和痛苦，请一直保持信念与希望，在追求梦想的路上拼搏到底。

坚持就是胜利。这句话勉励人们不断努力追求，不要被当前的困难所吓倒，不要失去前行的斗志，一旦选定目标就要有"咬定青山不放松"的意志，不达目的誓不罢休的信念。在人生的旅途中，我们只要不轻言放弃，不懈地努力，就一定能实现自己的梦想。

忍耐不是屈从命运,而是实现蜕变的过程

忍耐,大多数的时候是痛苦的。但是,成功往往就是在你忍受了常人所无法承受的痛苦之后,才出现在你面前的。

——题记

每个人的人生都是一朵待雕刻的花,忍耐就是那把雕刻之刀。只有承受了常人难以忍受的考验,忍耐过了孤独、无助、挫折、打击与痛楚,生命之花才能得以绚丽开放。

忍耐,大多数的时候是痛苦的。但是,成功往往就是在你忍受了常人所无法承受的痛苦之后,才出现在你面前的。

当本田先生还是一名学生时,他就变卖了所有家当,全身心投入到研究制造汽车活塞环的事业中。他废寝忘食、夜以继日地工作,时常累了就直接睡在工厂里。无论发生什么,他都对早日把产品制造出来的目标坚定不移。在这期间,由

Chapter 3
拼搏：自己不扬帆，没人帮你起航

于没有足够的资金，他甚至连妻子的首饰都卖掉了。

皇天不负有心人，本田先生的汽车活塞环终于研制成功了，他兴奋地将产品送到丰田公司去打算卖给他们。可是，出乎他意料的是，汽车活塞环竟然被退了回来，理由是质量不合格。

为了完成自己的研究，本田先生重新回到学校，认认真真学习了两年。他的设计常因被认为不切实际，而被老师或同学嘲笑。这让他十分痛苦，觉得没有人理解他。然而他并没有因此放弃，而是咬紧牙关，继续朝着目标前进。最终，他的努力没有白费，他的汽车活塞环在进行了很多次的修改后通过了丰田公司的质检。

第二次世界大战结束后，日本出现了严重的汽油短缺问题，导致交通出行十分不便，本田先生甚至无法开车出门购买家里所需的食物。为改善自己的交通状况，本田先生想出了一个办法——把马达装在脚踏车上，以减少汽油和人力的消耗。简易摩托车的雏形就此出现了。因为不需要耗费大量的汽油和人力，他的简易摩托车引起了人们的关注，许多邻居都拜托本田先生给他们也装一辆马达脚踏车。他装了一部又一部，直到手中的马达都用光了。

在这个小小的成功后，他想要开一家工厂，专门生产自己所发明的"摩托车"，但他欠缺资金。他没有因此而放弃，而是向全日本的自行车商店求助——他给每一家自行车商店都用心写了信，言辞恳切地告诉他们如何利用他的产品增长销量，最终说服了其中的10家，凑齐了开工厂所需的资金。

　　起初，他所生产的摩托车又大又笨重，销量不是很好。为了扩大市场，本田先生动手把摩托车改得更轻巧。新产品一经推出便赢得满堂彩，最终荣获"天皇赏"。

　　古人训："宝剑锋从磨砺出，梅花香自苦寒来。"人要成材，事要成功，都得付出代价，经历考验。人生不会有永远的快乐，只有历经苦痛才能换来长久的幸福。我们只要能忍受一时的痛苦，熬过眼前的不如意和失败，战胜困难，就一定能成功！

Chapter 3
拼搏：自己不扬帆，没人帮你起航

我们只有足够拼，才能摆脱命运的控制

命运是不公平的，有人生而富贵，有人生而健康，而有人生而贫穷，有人生而疾病缠身。命运又是公平的，只要你足够努力，你就能控制人生的航向，不受出身的摆布。

——题记

命运是不公平的，有人生而富贵，有人生而健康，而有人生而贫穷，有人生而疾病缠身。命运又是公平的，只要你足够努力，你就能控制人生的航向，不受出身的摆布。

我的邻居李梅是一个连生活都不能自理的残疾人，但是她却用自己孱弱的肩膀撑起了一个家。虽然有些令人难以置信，但这的确是真的。高中时，她因风湿性骨关节炎不得不辍学了。她的病后来发展到手都抬不起来，自己用手洗不了脸。为了尽量少麻烦父母，她让母亲找了一根棍子，又在头上绑了一

条毛巾，用手持棍子洗脸。但是吃饭她只能让人喂，去洗手间也得让人背着去。她就像一个婴儿一样根本离不开其他人的照顾。

她没有任何收入，全靠父母的一点退休工资维持着生活。为了减轻父母的经济负担，她每天都在想如何才能靠自己赚点儿钱。但还没等她想到出路，最爱她的母亲就过世了。面对如此打击，她没有消沉，反而更加积极地寻找出路，最终她把目标放在了开网店上。虽然她的手仅有大拇指能灵活使用，但是她硬生生靠着"一指禅"，把网店开了起来。

最开始她每天忙得仅有三四个小时的睡眠时间，而且店里的生意也不太好。许多人都劝她放弃，连与她相依为命的父亲也对她说开网店的确是太难了，但是她从未动摇过。难点儿她不怕，因为她愿意努力，更不会在困难面前低头。

皇天不负有心人，她的网店终于开起来了，她也终于可以用自己的钱赡养父亲了。这让辛辛苦苦的老父亲十分欣慰。几年后，她结婚了，另一半是个身体健康的农村小伙子，结婚的钱都是她自己赚的。现在她的丈夫专职在家照顾她的生活起居，而她则把精力都放在打理两个网店上，生意做得还不错。

他出生于美国新罕布什尔州的桑顿乔森林地区的一块贫瘠的土地上。他是个孤儿，3岁丧母，7岁时父亲也过世了。

为了生活下去，他不得不比同龄的孩子更加努力，更加辛苦。他寄人篱下，给别人打工，每天工作14个小时以上，可

Chapter 3
拼搏：自己不扬帆，没人帮你起航

仍然吃不饱饭。他没有任何朋友，还经常遭受老板和其他孩子的嘲讽。

他先后换了5份工作，换了5个主人，但被虐待的情况没有任何改善。

他实在不想再过这种毫无尊严的奴隶式的生活，14岁那年的一天，他出逃了。后来，他在一家锯木厂找到了一份工作。

有一天，他看到了塞缪尔·斯迈尔斯写的《自己拯救自己》，这是一本励志图书。他看完这本书后，感觉热血沸腾，他认为自己也可以成就一番事业。从那时起，他认识到了知识的重要性，开始抓住一切机会读书。

他读书的经历非常坎坷，因为他还需要工作，依靠微薄的收入来买书、上学。23岁那年，他终于进入了大学。在大学里，他付出了比同学们多得多的时间和精力来学习。9年后，他顺利拿到了波士顿大学学士学位、波士顿大学硕士学位、奥拉托利会学士学位、哈佛医学院博士学位以及波士顿大学的法学学士学位。

毕业后，他开始创业。17年后，40岁的他在旅店业做得风生水起。

就在他的事业蒸蒸日上时，灾难降临了，他的旅店在一场大火中被烧毁了。而且更要命的是，几乎花费了他一生心血的5000多页手稿，也在这场大火中化为灰烬了。

但他并没有被打垮，不久之后，他带着他坚定的梦想来到了波士顿，开始进行励志读物的创作。因为他有着起起落落的丰富的人生经历，创作励志读物更加得心应手。

1894年，他的处女作《伟大的励志书》终于发表，获得了巨大的成功，一年内再版了11次。他的梦想终于实现了。

3年后，他创办了《成功》杂志，大获成功。很快，杂志单册发行量达到30万册，公司的员工达到了200名。

命运似乎总是喜欢捉弄他，1911年《成功》杂志因得罪权贵被告上法庭，被迫停刊。

这次，他仍然没有放弃。7年后，他又成功地创办了《新成功》杂志。这时，他已经是70岁高龄了。

他，就是奥里森·马登——美国成功学的奠基人，历史上伟大的成功励志导师，成功学之父。

只有足够努力、足够拼搏，才有希望摆脱命运的控制，就像李梅和奥里森·马登一样，虽然苦一点，累一点，但命运的舵盘始终掌握在他们自己手里。

Chapter

坚持：很多时候，输赢的检验标准，只有坚持

人生的道路上充满了崎岖和荆棘，即使跌倒了、受伤了也不要紧，重要的是跌倒之后能勇敢地站起来，拂去身上的尘土，坚持赶路。人生总会经历各种各样的困境，而成功人士的第一个准则就是——永不放弃。

01

每一个优秀的人,可能都有一段失败的时光

> 人生中的磨难有很多种,有的让人积极向上,有的让人沮丧失望。但无论是哪一种,都会让人变得成熟。也许你曾压抑、无奈、委屈、孤独,抱负无从施展,但是请你微笑,请你努力,请你越挫越勇。
>
> ——题记

要想成为优秀的人,就必须耐得住磨难的摔打。在经历黯淡无光的岁月时,在黑暗中痛苦地挣扎时,要越挫越勇。你要坚信,只要不放弃努力,就能穿透黑暗的笼罩,体会到苦尽甘来的幸福滋味。

我有一个朋友名叫阿辉,今年刚大学毕业。偶尔联系时,他和我说得最多的话,是他恨这个不公平的社会,努力却看不到收获。他毕业于名牌大学,月薪却只有三四千块钱,工作还十分辛苦,自己的休息时间都经常被占用,更别说追求心仪的

Chapter 4
坚持：很多时候，输赢的检验标准，只有坚持

女孩儿谈恋爱了。

我对他说："如果你能把抱怨的时间都拿来分析自己，思考自己该如何努力，如何发挥出自己的优点，那你就不会有多余的时间和心思去找人抱怨了。"

生活中，有很多像阿辉一样的人，他们只要遇到不顺心的事情，就忍不住喋喋不休地抱怨。他们不知道，这些抱怨正在将他们推向无尽的深渊——抱怨得越厉害，生活和工作可能会变得越糟糕；而生活和工作变得越糟糕，他们会更加抱怨不止。直至跌落深渊的那一刻，他们都不会明白到底是什么原因造成了这样的局面。

不要责难生活给予你的重重考验，不要用抱怨的方式宣泄你的不满，抱怨只能显示你没有对抗困境的能力。因为如果你有对抗一切困境和挫败的能力，你会努力改变现状，而不只是被动地忍受苦难。

人生中的磨难有很多种，有的让人积极向上，有的让人沮丧失望。但无论是哪一种，都会让人变得成熟。也许你曾压抑、无奈、委屈、孤独，抱负无从施展，但是请你微笑，请你努力，请你越挫越勇。

每个人真正强大起来都要度过一段所有事情都只能自己一个人扛，所有情绪都只有自己一个人体味的日子。但只要咬牙撑过去，一切就会变得不一样。

在不断地学习、沉淀之后，我们有理由相信，这个世界不

会因为你的付出就会立即给予你回报。人生在世，最难得的是在失意时，能保持一份淡然的心境。这份淡然，就是对成功的笃信。

如果生活伤害了你，请不要灰心。自古人生多磨难，艰难困苦挡不住坚强者的脚步。海明威曾说："一个人能够被毁灭，但不能够被打败。"许多人辉煌的一生不是从天上掉下来的，也不是空等来的，而是历经坎坷和痛苦换来的。世界上没有轻而易举的成功，只有历尽风雨才能迎接彩虹。

生命的旅程充满坎坷，但无论如何请你永远不要忘记自己出发时的决心。无论是一片坦途的光明，还是绝望寂静的黑暗，人都需要不断向前走。切记，你想成功，那么就不要停下前进的脚步。

Chapter 4
坚持：很多时候，输赢的检验标准，只有坚持

再牛的梦想，也抵不住傻瓜式的坚持

没有抛弃人的梦想，只有抛弃梦想的人。再牛的梦想，也抵不住傻瓜式的坚持！

——题记

章元出生在河北省一个贫困的小山村。幼年的他体弱多病，父母常年带着他奔波于各个医院，直至小学五年级，他的身体才完全康复。可是因为长期缺课落课，他的成绩很不好。感受不到学习乐趣的他，初中没读完就辍学步入了社会。

刚走出校园的章元不知道自己的未来在何方。当时，村里的年轻人大多选择去大城市打工，章元也想像他们一样，离开故土去追寻自己的梦想。

不久之后，章元终于走出那个贫困的小山村，去北京打工。他的第一份工作是在餐馆里做传菜员。传菜员的工作特别辛苦，三层楼的餐厅，章元端着托盘每天都不知道上上下下跑了多少

趟。刚开始工作时,他的脚上磨起了泡,有时腿疼得都下不了床。但艰辛并没有压垮他,他暗暗发誓:一定要干出点名堂来。

像许多年轻人一样,章元也是一个追星族,尤其喜欢"水木年华"乐队。在做了两年传菜员之后,他做出了一个重大决定——去自己偶像的母校清华大学餐厅"端盘子",顺便跟自己的偶像"偶遇"。可是,到了清华大学之后章元才知道,"水木年华"早就毕业了,想在清华校园里见到他们没指望了。失望归失望,但生活还是要继续,章元决定留下来做一名食堂的工作人员。

清华校园浓厚的文化氛围既让章元感到激动和羡慕,也让他多了一点儿自卑。章元觉得自己的年纪越来越大了,不可能永远只做端盘子、扫地的工作。正巧当时男生寝室发出招聘"楼长"的信息,看到终于有机会摆脱端盘子的"宿命",还能多挣些钱,他立马跑去应聘。

这是章元有生以来参加的最正式的招聘会,他花了两天时间精心准备,信心满满地前去应聘。可是,"楼长"要求大专以上文凭,这让只读过初中的章元精心准备的"台词"没有了用武之地,他的心里有一种说不出的沮丧。

这时,常在餐厅吃饭的一位老师给章元支招:可以选择参加成人高考上大学,一样可以考下专科证。

章元听了,兴冲冲地买来成人高考教材,准备考取成人大专学历。可是,事情并没有他想象得那么简单。当章元翻开教材,才发现书中的内容他一点儿都看不懂。但他并没有就此放弃,

Chapter 4
坚持：很多时候，输赢的检验标准，只有坚持

而是联系了一名熟络的清华学生帮他补习功课，用他帮这个学生洗所有的衣服作为补课酬劳。

虽然有人帮助，但对于只有初中文化水平的章元来说，接受成人高考水平的功课还是非常吃力的。尤其是恼人的英语单词，他常常是刚记住一个，过一会儿就忘得一干二净了。但章元不服输，他坚信勤能补拙。他为自己制订了一份严苛的学习时间表——除了工作、吃饭和睡觉，把所有的精力都用在学习上。

功夫不负有心人。几年后，章元终于凭借自己的努力通过了北京师范大学计算机专业的专科毕业考试。他拿着"金光闪闪"的大学文凭，心里有了更大的梦想——他要去那些正规的写字楼里当白领。章元一次又一次地给各家网络公司投简历，最终有一家互联网公司的老总被他的坚持感动了，答应给他一个机会，要他草拟一份公司在某地投资的可行性报告。虽然章元很用心地做了，但最终还是被拒绝了。

尽管如此，倔强的章元并没有死心，他找到老总，诚恳地说："能不能让我做一些能力范围之内的事？我愿意做一名不拿工资的业务员。"老总被他的诚恳打动，当即就答应了他。

章元分外珍惜这个来之不易的机会，他努力学习公司的业务，不懂的地方就向同事请教。也正是由于他超越常人的努力，加上玩命似的工作状态，仅仅两个月后，这位"零底薪"的打工仔就促成了公司的第一笔国际业务。最终，公司以每月6000元底薪外加业务提成的待遇向他发出了正式工作的邀请。章元

终于实现了自己当白领的梦想。

两年之后,章元成了公司的副总裁,完成了从餐厅传菜员到企业高管的"惊天大逆转"。

对比最初初中都没毕业的打工仔,章元无疑是成功的。有人问章元是如何做到这一切的,他说:"上帝为每一只笨鸟都准备了一枝矮树枝,有的鸟停在枝头仰望天空,从没想过振翅飞翔;而有的鸟则飞上更高的枝头,寻找更远大的天空。对于那些学历低,没有背景的人来说,坚持比聪明更加重要。"

大家都知道以斯克劳斯与戴维斯为品牌的牛仔衣,但创始人斯克劳斯的故事却很少有人知道。

斯克劳斯的母亲是个裁缝,他受母亲的影响,小时候就喜欢时装。但斯克劳斯家中贫困,没有多余的钱买面料供他练习手艺。小斯克劳斯经常偷母亲裁剪后的布角,然后将它们拼拼凑凑地做成各种小人衣服。

有一次,父亲从家中凉棚上撤掉了一块废旧的棚布,小斯克劳斯便将它捡起来,制成了一件衣服。小斯克劳斯觉得很自豪,便穿着这件衣服走到大街上。因为那种粗布当时是专门用于盖棚子的,所以大家都认为他是个疯子。

戴维斯是当时著名的时装大师。斯克劳斯18岁那年,带着自己设计的粗布衣服拜访戴维斯。可想而知,他的粗布衣服没有得到戴维斯服装设计公司的认可。但令人意外的是,戴维斯十分欣赏他,并决定将斯克劳斯留下来。

Chapter 4
坚持：很多时候，输赢的检验标准，只有坚持

从此以后，斯克劳斯在戴维斯的帮助下开始专门设计粗布衣服。但他设计的粗布衣服的销量很不好，积压了大量库存。周围人都对他产生了质疑，但斯克劳斯依然对自己的衣服充满了信心，他不停地设计和改良自己的服装。

有一天，斯克劳斯突然有了一个灵感：这些粗布衣服价格低廉又耐磨，如果卖给非洲的劳工，应该很受欢迎。事实和斯克劳斯想的一样，他的衣服刚送到非洲就销售一空。

之后，斯克劳斯又将这种粗布面料制成了适合旅行者穿的款式，结果又大受欢迎。慢慢地，其他行业的人都开始穿这种粗布衣服，觉得穿起来另有一种风格。这种粗布衣服大家都称它为牛仔衣。不久，牛仔衣就风靡了全世界。

芸芸众生，谁都有梦想，但就像人与人之间的差异一样，梦想和梦想也是不同的。有的人把梦想当成了自己生命中最重要的事情，脚踏实地拼搏，竭尽全力追梦，最后收获梦想成真的喜悦；有的人把梦想当成一场难以实现的美梦，把梦想挂在嘴边却从未付出努力，只能在蹉跎了无数的时光之后感叹自己一事无成；还有的人似乎每时每刻都能产生新的梦想，爱好广泛兴趣多样，总是被新鲜事物吸引却做什么都没有常性。电影《老男孩》中有一句台词说得很好："梦想这东西和经典一样，永远不会因为时间而褪色。"梦想不应该是一个随时可以改变的目标，而是需要我们持之以恒、坚持不懈去追寻的。无论梦想看起来有多么高不可攀，只要坚持下去，就一定会有实现的一天。

03

失败的原因只有一种，就是在抵达成功前选择放弃

> 不经历风雨，怎能见彩虹，如果没有尝试过失败的滋味，又怎么能体会到成功的甘美和来之不易呢？历史上那些功成名就的人，无一不是越挫越勇的。只有历经失败的痛苦，才能找到真正的自我，感受到真正的力量。
>
> ——题记

坚持不一定成功，但放弃一定会失败。成功者不会永远成功，失败者也不会永远失败，很多时候成功与失败不过在于你的选择。有的人因为一次成功就沾沾自喜，这种心态迟早会被失败泼上一盆冷水；有的人因为几次失败就郁郁寡欢，这种心态也注定等不来明天的成功。

美国病毒学家乔纳斯·索尔克博士失败多次，才成功研发出了小儿麻痹症疫苗，成为二十世纪最具影响力的人之一。

孟子曰："掘井九轫而不及泉，犹为弃井也。"这句话的

Chapter 4
坚持：很多时候，输赢的检验标准，只有坚持

大概意思是：做人做事就像挖井一样，就算挖了几十丈，只要没有挖出地下水，这口井就是一口废井。

有一次，英国首相丘吉尔受邀到牛津大学举办一场名为"介绍自己成功秘诀"的演讲。英国各界人士对这次演讲进行了密切关注和热烈讨论，人们纷纷猜测首相成功的秘诀都有哪些。

演讲当天，会场内外人山人海，英国各大新闻媒体悉数到场，只为可以第一时间报道丘吉尔的成功秘诀。丘吉尔在万众瞩目中走上讲台，在平息了场内雷动的掌声之后，他缓缓地说道："我成功的秘诀有三个。第一，决不放弃；第二，决不、决不放弃；第三，决不、决不、决不放弃！我的演讲结束了。"在众人的错愕之中，丘吉尔步态轻松地走下讲台。反应过来的众人为这位伟大的政治家、外交家献上了经久不息的掌声。

迈克尔·乔丹是美国最伟大的职业篮球运动员，被称为"飞人"。

乔丹出生于美国纽约的布鲁克林区，后来成了北卡罗来纳大学的学生。在那里，他的篮球天赋开始显现，技能逐渐提高。在1984年的NBA选秀大会上，乔丹被芝加哥公牛队选中。之后，乔丹率领公牛队一路突飞猛进，共6次获得NBA总冠军，5次赢得"最有价值球员"的称号。

后来，他两度宣布退役，又两度宣布复出，最终，在2003年从华盛顿奇才队退役。

乔丹第一次复出时，有许多人不看好他，认为他技术水平下降，会给自己抹黑。当时有记者采访，问他复出的原因，乔丹是这样回答的："我可以接受失败，但不能接受放弃。"这也是对乔丹精神最好的诠释！

乔丹最终的确"失败"了，但他的"失败"只会被人更敬重，因为我们从他的失败中看出了永不放弃的精神——乔丹精神。

永不放弃，是一种信念、一种精神，同时也是一种勇气。具有了永不放弃的精神，我们才能看到明天的成功。

不经历风雨，怎能见彩虹，如果没有尝试过失败的滋味，又怎么能体会到成功的甘美和来之不易呢？历史上那些功成名就的人，无一不是越挫越勇的。只有历经失败的痛苦，才能找到真正的自我、爆发出潜在的力量。

常言道，失败是成功之母。很多时候，我们只有坦然面对失败，才能找到失败的原因，吸取教训，不断进取，从而在以后的日子里避免失败。要知道每一次失败都是为了下一次成功做准备、打基础的，如果一遇到困难就畏缩不前，轻易放弃，那么你将永远无法看到成功的曙光。

Chapter 4
坚持：很多时候，输赢的检验标准，只有坚持

你都没坚持，还谈什么美好未来

> 在成功的道路上，你如果没有耐心去等待成功的到来，那么，你就要做好用耐心去面对失败的准备。
>
> ——题记

人生的道路上，每个人都不可避免地会遇见困难和挫折，你可能会因此而感到失落、迷茫，甚至彷徨，但无论你经历的处境多么艰难，都不能对未来失去信心。

如今的周星驰，被誉为中国的"喜剧之王"。其独具个人色彩的表演风格开创了独具一格的"无厘头"喜剧类型，使其在华语影坛驰骋了二十多年而经久不衰。但是在这份闪耀的光环背后却有着不为常人所知的辛苦。

周星驰入行之初参加了 TVB 艺员训练班，他连考了两年才过关。进入 TVB 后，他跑了一年的龙套。当时香港人很流行说"混"字，周星驰在一次访谈中笑言自己当年"混"得很差劲，

为了生计,他甚至不得不和别人争抢一个扮演死尸的角色。

跑了一年的龙套之后,和他同期的梁朝伟成了红角,并借此开始参演电影及电视剧。周星驰便接手了梁朝伟主持的少儿节目,一做就是六年。与他同期的训练生有些已经开始接触一些重要角色,周星驰却总是慢了一步。六年之后他又去做了综艺节目主持,仍然不温不火。一个年轻演员最好的年华,就这样被蹉跎殆尽了。

虽然他在主持《430穿梭机》时很辛苦,但他一直信心满满,斗志昂扬。每天早上洗漱的时候,他都会对着镜子向自己喊"加油",幻想着有一天自己能成为电影的主角,"让所有人都见识到自己很拽的样子,最好还能拿个什么奖"。

一个人在自己不喜欢的岗位上工作六年,曾经的理想和志向大概都会被消磨殆尽。但周星驰没有,他咬牙坚持下来,而且仍然斗志满满。也正是由于他从未放弃,才有了后来我们所看到的《唐伯虎点秋香》《大话西游》《少林足球》《功夫》等著名影片。

每个人都希望自己的梦想能早一点实现,可实现梦想的道路往往曲折而漫长,看起来似乎遥不可及。可正是因为这一份难得,才是梦想存在的意义和价值。唾手可得的东西又如何能使人们趋之若鹜呢?你对成功的渴望越强,遇到坎坷和挫折时就能越勇敢,梦想之花也就能开得愈发艳丽。

一分耕耘,一分收获。这并非说你的每一份付出都能立竿

Chapter 4
坚持：很多时候，输赢的检验标准，只有坚持

见影收到回报，有些成功是需要积累的，积累到量变转为质变。就好像是一项长期投资计划，在到期之前，你得不到任何回报，但到期之后，你就会得到很高的收益。很多事情，你试着去做，才有成功的可能，如果连试都不去试自然不会成功。

一位传奇销售大师在临近退休之时，决定举办一场告别职业生涯的演说。

开讲当天座无虚席，很多人甚至只能站在会场一角旁听。人们最关心的问题无疑是大师一生传奇般的销售秘诀。讲座在人们的期待中拉开帷幕，只见舞台中央吊着一个巨大的铁球，旁边放着一个大铁锤和一个小锤子。会场里鸦雀无声，人们静静地等待着大师分享他的经历。

没想到大师选了两个年轻力壮的小伙子上台，并请他们用大铁锤敲击那个球，敲到铁球晃动再停止。两个年轻人抬起大铁锤，全力向铁球砸去。

两个年轻人渐渐没有力气了，但铁球却纹丝不动。在众人的起哄声中，大师请两位年轻人回到座位上，自己则拿起了小锤子开始耐心敲击……随着时间的流逝，会场里的许多人面露不解，也有很多人因为感到无聊而离开了会场。

离开的人越来越多，会场里只剩下为数不多的听众安静地看着大师用小锤子一下一下敲击着大铁球。突然，台下一个人尖叫着说："球动了！"

此时大师终于收起了小锤子，看着台下为数不多的听众，

轻声说道:"我的秘诀很简单,在成功的路上,耐心和无数次的重复,能让你远离失败。"

生命在于拼搏、在于坚持、在于奋斗、在于坚持不懈。在此历程中,总会不断遇到瓶颈,每跨过一个瓶颈都是一段极其痛苦的经历。而你所能做的唯有坚持——秉承着一颗平常心和永不言败的信念,迎难而上、决不放弃,你便是成功者。

别那么急，该来的终归会来的

没有一种努力是白费的！有些回报，看得见，摸得着，来得及时，自然是皆大欢喜的事情。可是有些回报，会在你想不到的时候、看不见的方向，以另一种方式归来，带给你一种"无心插柳柳成荫"的惊喜。

——题记

生活不会一路绿灯，你需要用足够的信念担负起生活给予你的所有美好的、不美好的一切。

巴雷尼小时候因一场大病成了残疾。面对瘫痪在病床上的儿子，巴雷尼的妈妈心如刀绞，但她还是强忍住自己的悲痛，心想，孩子现在最需要的是自己的鼓励和帮助，而不是自己的眼泪。她来到巴雷尼的病床前，拉着他的手说："孩子，妈妈相信你是个坚强的人，希望你能用自己的双腿，在人生的道路上勇敢地走下去！巴雷尼，你能够答应妈妈吗？"

巴雷尼一边点头，一边扑到妈妈的怀里大哭起来。

从那以后，妈妈只要一有空，就帮助巴雷尼练习走路、做体操，常常累得满头大汗。有一次妈妈得了重感冒，十分虚弱。尽管发着高烧，她还是下床按计划帮助巴雷尼练习走路。黄豆粒般大小的汗水从妈妈的脸上淌下来，她用毛巾擦干，咬紧牙坚持，硬是帮巴雷尼完成了当天的锻炼计划。

体育锻炼弥补了残疾给巴雷尼带来的不便，妈妈的榜样作用，更是深深教育了巴雷尼，他终于经受住了命运给他的严酷考验。他刻苦学习，学习成绩一直在班上名列前茅。最后，他以优异的成绩考进了维也纳大学医学院。大学毕业后，巴雷尼以全部精力致力于耳科神经学的研究，最后，终于登上了诺贝尔生理学或医学奖的领奖台。

世界上的很多事都会脱离我们原本设定的轨道，可是那又怎样？一切终归会回归原来的方向，甚至走向更光明的未来。每个人都应该明白，我们要面对和思考的应该是现在和未来。人不仅要学会自我安慰，更要学会忘记过去，好好地生活在当下，为自己的未来努力。最艰难的日子正是对你的考验，千万不要认为它是你的包袱和牢笼，而是应该把苦难当作动力，当作一种能让你更加成熟的人生体验。

感激生命中那些艰难的岁月，别把它们当成坏事，要把它们看成是学习、成长的机会。没有一种努力是白费的！有些回报，看得见、摸得着、来得及时，自然是皆大欢喜的事情。

Chapter 4
坚持：很多时候，输赢的检验标准，只有坚持

可是有些回报，会在你想不到的时候，看不见的方向，以另一种方式归来，带给你一种"无心插柳柳成荫"的惊喜。不过，在这之前，你是否能够耐得住性子，守得稳初心，等得到转角的光明？

梦想是否"高大上"不重要，重要的是你有没有努力坚持

> 人生要耐得住寂寞，坚持梦想才能走向成功。每一个优秀的人，都有一段努力拼搏的时光！
>
> ——题记

梦想不分高低贵贱，只在于你是否能通过努力实现它。你愿不愿意为梦想付出辛苦和努力，决定了你是否有资格创造美好的未来。你如果一点儿力气都不想付出，一遇到困难就退缩，命运之神凭什么要眷顾你呢？

追逐梦想最大的愉悦感来自追逐的过程。当你披荆斩棘到达终点时，心中的喜悦更多的是因为自己一路走来的艰辛和行路中的收获，而结果，其实只是锦上添花的一点"彩头"。

法国启蒙思想家、唯物主义哲学家德尼·狄德罗，受到出版商的邀请，与哲学家达朗贝尔一起翻译出版英国《百科全书》。

Chapter 4
坚持：很多时候，输赢的检验标准，只有坚持

然而在真正开始翻译之后，狄德罗发现英国的《百科全书》观点陈旧，涉及的知识也支离破碎不成系统，而且其中的很多理论和思想并不适合法国人阅读。于是狄德罗决定编写一套属于法国的《百科全书》。

然而这套承载着新思想和新科学的新书严重挑衅了当时的掌权派，导致狄德罗因抨击时政罪而被判入狱。被抓入狱的狄德罗并没有因此而打消编写《百科全书》的梦想。出狱后的狄德罗积极反抗强权压迫，组织了更多思想家、科学家来继续编纂《百科全书》。直至1772年，《百科全书》共出版了28卷，囊括了人文科学和自然科学在内的各个主要学科的知识，最及时、最全面地总结了18世纪的研究成果，它的意义不仅在于给当时的法国人展示不同于宗教和神学的新科学，更是传播启蒙思想的最好载体。

展现在法国人面前的新世界让当时的统治者们倍加紧张。狄德罗在组织编纂《百科全书》期间受到来自四面八方的压力，他的助手和许多工作伙伴都萌生了退意，有些人甚至直接离开了编纂组。狄德罗却说："科学是无法被禁止的，总有一天人们会知道这种禁止是错误的。"

随着一卷卷《百科全书》的面世，狄德罗不仅征服了法国不同阶层的读者，甚至连俄国皇帝叶卡捷琳娜二世都因为《百科全书》的系统性和全面性而大力支持其出版。

如果没有狄德罗的大胆设想、数十年如一日的坚持和不畏

强权奋勇抗争的精神，人们就没有机会见到这样一套全面的知识宝典。

总有人在抱怨社会不公平，其实我们的世界不会亏待任何一个付出心血的人，只要你倔强地向着梦想走下去，就会发现追逐梦想的路也许并没有想象的那么难走。

实现梦想的道路不会是一帆风顺的，不可避免地会出现许多挫折，可是，只要我们以"咬定青山不放松"的精神坚持下去，终会获得成功。

如果梦想是辉煌人生的大门，那么坚持就是打开这扇大门的钥匙；如果梦想是一只船，那么坚持就是助船远航的大海；如果梦想是火箭，那么坚持就是助火箭升空的燃料。

我坚信，只要我们朝着梦想不懈地努力、前进，就一定会成功。

所以，朋友们，让我们用梦想引导人生，用坚持带我们走向成功吧！

Chapter 4
坚持：很多时候，输赢的检验标准，只有坚持

不要怕你的坚持没有结果，成功从不辜负每一分努力

  海明威说过，人可以被毁灭，但不可以被打败。并不是每个人都能成为人生赢家，大多数的人都要面对失意的人生。向世界索取自己想要的东西，做自己想做的事，成为自己想要成为的人。

——题记

  成功的路上布满了荆棘，从来就没有人能轻轻松松地获得成功的青睐。而在前行的路上，我们总是会遇到各种各样的挫折与失败，但应始终满怀"再试一次"的勇气与信心。在最艰难的时候，请挺住；在最寥落的时候，请乐观；在最寂寞的时候，请坚持。

  付出也许换不来你所期待的收获，但是不付出就一定没有收获。不要害怕坚持没有结果，如果你得到的并不是你想要的东西，也不要灰心，也许这样东西会变成你以后面对考验时成功的关键。失败与成功一样，都是人生中必不可少的历程，即

使跌倒了、受伤了也不要紧，重要的是在跌倒之后能勇敢地站起来，拂去身上的尘土，继续赶路。

　　有个年轻人在路过一家大公司时一时兴起，想看看如果自己进去能否找个工作，便直接走进了这家公司。当时这家公司并没有发过招聘广告，但经理对这位不请自来的年轻人很感兴趣，觉得他很有勇气，就破例为他安排了一场面试。真正开始面试时，年轻人反而显得局促不安，因为他只是路过时突发奇想，并没有做什么面试的准备。因为准备得不充足，年轻人在面试中表现得非常不好，经理认为这个年轻人不符合招聘标准，便随口安慰道："等你准备好再来吧。"

　　年轻人满脸尴尬地离开了。回到家后，他马上根据这次面试的内容开始准备下一次面试。一周之后他再次来到这家公司面试，但遗憾的是这次虽比第一次好了一点儿，却远没有达到该公司招聘员工的标准。年轻人没有因此放弃，他早已把当初的突发奇想当成了自己奋斗的目标，他坚信自己一定能成为该公司的员工。

　　在之后一年多的时间里，年轻人不停地疯狂恶补有关领域的各种专业知识，每当觉得自己准备充分了就会跑到该公司应聘。到了第五次，他终于达到了招聘标准，顺利成为该公司的一名员工。

　　一个人能否成功，很大程度上取决于其对失败的态度。能以积极的心态去面对失败的人，命运即使让他错过了夕阳的美

Chapter 4
坚持：很多时候，输赢的检验标准，只有坚持

景，也必将会让他看到满天的繁星。

　　能否为梦想拼尽全力，决定了你距离成功还有多远。笑对一切苦难，方能成就大业。以一种积极乐观的心态去看待挫折，用一种越挫越勇的心态去面对失败，你才会在失败中汲取经验教训，找到正确的方向，继而创造新的未来。

08

成功就是将别人坚持不下来的事情坚持做下去

> 放弃的人永远只会活在别人的嘲笑当中,而那些坚持下去的人不管有没有成功,都会受到大家的尊重。
>
> ——题记

努力并不一定会成功,但放弃一定会失败。坚持就是胜利,在最后一秒还未来到之前,结果永远是未知的。

美国时间 2016 年 11 月 9 日凌晨,美国总统大选公布了最后的结果,共和党总统候选人特朗普击败民主党总统候选人希拉里,当选为新一届的美国总统。在很多人眼里,这个生意人出身的总统特别"不靠谱",很多人甚至预言,他身上浓重的商人气息会毁掉美国。但如果你对他有了更多了解后,就会发现这个人身上有很多优点,其中一个就是永不言弃的精神。他曾经在演讲时说过:"我能给你最好的建议,就是永不放弃。"

纵观古今中外的英雄人物,他们在成功之前都曾经历过一

Chapter 4
坚持：很多时候，输赢的检验标准，只有坚持

段常人难以忍受的痛苦时期。但即使挫折失败让他们痛苦不堪，他们也不会轻易放弃，而是坚定地朝着自己的目标走下去。

坚韧不拔是人类的精神力量，是人们通向成功彼岸的唯一桥梁。一个人只有持续不断地向着自己既定的目标努力，才不会虚度年华，从而让自己的人生更有价值。

1809年2月12日，林肯出生在肯塔基州哈丁县一个贫苦的家庭，他曾形容自己的童年是"一部贫穷的简明编年史"。林肯幼年时，家境十分贫穷，导致他的受教育程度并不高。少年林肯做过很多工作，当过工人，也做过土地测绘师。他开始从政是在25岁那一年。因为发表了抨击黑奴制度的演说，也因其拥有高尚的人格魅力，他获得了一部分公众的支持。他曾经竞选过很多次议员与总统的职位，也失败过很多次，但失败一次，他就再竞选一次……在连续失败了九次之后，他终于成功当选为美国总统。

林肯的成功并不是一朝一夕的，他为此努力了很多年，失败了很多次，但从未放弃。

或许有人会说只是失败了九次而已，这有什么值得夸赞的？那让我们再往下看吧，林肯的"不顺"不只有上述这些。

在林肯9岁时，年仅36岁的母亲不幸去世了；24岁时，因经商失败欠下了一屁股债，他用了16年才得以还清；当他好不容易竞选上了州议员，打算结婚的时候，未婚妻又去世了……

未婚妻的离世对他的打击非常大，使他濒临崩溃，卧病在床六个月，生活不能自理……好不容易恢复过来，他又鼓足了勇气，再次参加竞选，但依然没有成功。

1846年，他再一次参加国会议员的竞选，这一次终于成功了。两年任期之后，他再次竞选时又再次落选，之后一直不断地失败，失败，失败……

一直到1860年，林肯终于成功地当选为美国总统。

除了林肯，世界上还有很多人亦是如此。成功由大量的挫折铸就，我们应当为经历了挫折而感到幸运，因为挫折让我们越挫越勇，越败越强。你想站到更高的地方，就得把经历过的挫折当成垫脚石，而不是被它打倒。

一个人要过什么样的生活，都是自己选择的。在困难面前，很多人会选择退却，或者停步不前。放弃坚持，就注定看不到胜利的曙光。

而面对失败时，你若能坚持下去，无论成功与否，都会获得别人的尊重，更重要的是你会获得对自己的肯定。

很多时候，现实总让人沮丧，但请坚信时光不会辜负你的付出。

Chapter

决心：没有绝望的处境，只有绝望的人

有志者，事竟成。一个人如果下决心去做某件事，那么，他就会凭借这种决心的力量，跨越前进途中的层层障碍，成功也就有了切实可靠的保证。相信自己能够成功，就一定能成功，成功的决心往往就是成功本身。因此，真诚的决心常常被赋予无限的能量。

只要你决心向前，就没什么能让你停下脚步

> 能阻止你脚步的从来都是你自己的心。只要你的心愿意前行，无论前方是高山还是大海，你都会找到一条可以通过的路。
>
> ——题记

人的一生中总会遇到一些挫折，有的人幸运一点，遇到的挫折小一点；有的人运气差一点，遇到的挫折很大，甚至可能要从头再来。有的人在小挫折面前就停下了前行的脚步，而有的人即使在很大的挫折面前仍然能够昂首向前。

成功从来不会垂青弱者，只有勇于拼搏，勇不退缩的人才会得到成功的青睐。只要下定决心向前冲，没有什么问题是解决不了的。

能阻止你脚步的从来都是你自己的心，只要你的心愿意前行，无论前方是高山还是大海，你都会能找到一条可以通过的路。

失败的借口都是一样的，但是成功的方法却是多种多样的。

Chapter 5
决心：没有绝望的处境，只有绝望的人

只要你下定决心想要做成一件事，你就总会找到做成此事的方法，而不是浪费时间去想象会遇到哪些难以克服的困难，并因此在想象的困难面前败下阵来。

外国有一个很有名的"把帽子扔过篱笆"的故事。当你想到篱笆对面去，你要先把帽子扔过篱笆，这样你就会想方设法到达篱笆的对面。因为你那时已经别无选择，你心里只需要想着"我一定要拿回帽子"。这样一个决心让你可以克服一切困难。

下定决心，义无反顾，等待你的一定是成功。

中国历史上有名的巨鹿之战对"下定决心，破除万难"做出了最好的诠释。

公元前207年，项羽率领的数万起义军与秦将章邯、王离率领的40万秦军主力部队在巨鹿（今河北邢台市）相遇。项羽为其叔父项梁报仇心切，在40万强敌面前，丝毫没有胆怯之心，并决心与秦军一战到底。

他亲率两万精兵渡过漳水（由巨鹿东北流向东南的一条河），向章邯发起进攻。渡过漳水后，为了表达必胜的决心，项羽下令全军，凿沉渡江所用舟船，打破做饭用的大锅，焚烧所有的行军房舍，每个士兵只带三天的干粮。他要让士兵们知道，只有拼死一战才会有活下去的希望。

巨鹿之战，项羽率领的起义军以必死之心作战，求得一线生机。这场战役，因项羽大败秦军，成为中国历史上著名的以少胜多的战役之一。项羽以义无反顾的大无畏精神，先行进攻秦军，鼓舞了其他诸侯起义军的士气，最终将王离的20万大军全歼，又于数月后收降秦将章邯的另外20万大军，从而确立了他在起义军中的威信，并成为最终的领导者。

以不足10万的兵力对抗40万大军，这在常人看来是多么不明智的举动啊！但就是这看似不明智的行为，成就了一个流传千古的军事作战案例。巨鹿之战让人们明白，没有什么是不可能的，只要你下定决心去做一件事，没有什么能阻止你前行的脚步。

历史上越王勾践"卧薪尝胆"的故事，相信很多人都知道。当初越王兵败，他不得不带着妻子与重臣范蠡到吴国去表示归顺之心。他住在坟场旁边的石屋里，给吴王喂马、牵马。一国之君做着杂役的事，受尽屈辱。

三年后，他才得以回到自己的国家。当时，吴国兵强马壮，凭越国当时的战力和国力对其毫无对抗之力。但是复仇的决心早已定下，他没有被强敌吓破胆。为了提醒自己不忘前耻，坚定复仇信念，他每次饭前都要尝一下苦胆，并将床上的席子换成了用柴草做的褥子。为了促进国家的发展，他亲自到田里与农夫一起干活，并让自己的妻子亲自纺纱织布。

经过十年的努力，越国终于在他的带领下，兵强马壮，经济实力大增。而吴国因夫差的强势冒进，战力大不如从前，最终在越国的复仇怒火中燃尽。越王勾践忍三年奇耻，发奋十年，一雪前耻，靠的是什么？那就是决心。有决心，就会有毅力，一切阻碍都是可破除的。

你若不甘心，就集满勇气去改变

> 为什么你不如人？为什么你总是在抱怨命运？你想与自己羡慕的那些人一样过上好日子，抱怨是没有用的。你要做的是集满勇气，去改变自己的现状。生来成功的人不多，大多数人的好日子都是自己打拼出来的。
>
> ——题记

每个人都有独属于自己的命运，但爱比较是人的天性。在比较中很多人会丧失平衡的心态，消极的人只会抱怨命运的不公，忽略自己的懈怠；积极的人会集满勇气，依靠自己的双手去创造自己想要的一切。

张平出生在一个农村家庭。他的父亲有一个双胞胎弟弟，叔叔因为接了爷爷的班，全家人生活在城里，生活水平比他家高出很多。妹妹吃过的许多食物，他都没有吃过。

每一次叔叔带妹妹回来看望爷爷，都是他最高兴也最难过的日子。高兴是因为每次叔叔都会给爷爷和他带许多好吃的,即使是给爷爷买的那部分,最终也都因爷爷的疼爱进了他的嘴巴;难过的是一看到妹妹穿得花枝招展,而自己只能穿着破衣烂衫,他的心里就非常痛苦,对爷爷充满了怨恨。

上中学的时候,叔叔考虑到城里的教学质量好,而且自己的条件也比哥哥好,就把张平接到城里,并托关系把他送到了一所重点中学。但是张平只在那里读了半个学期就回农村种地去了。他受不了同学的嘲笑,因为他说话有农村的口音,他一说话,同学就笑;他的好衣服只有入学时叔叔给买的那两套,只能两套来回换,这让他觉得抬不起头来。因为心情一直不好,也无心学习,成绩自然非常糟糕,只过了半个学期他就坚持不下去了。他回到农村,也没兴趣继续上学了,就跟着老实的父亲务农去了。

不能通过上学改变自己的命运,即使长大后,他也没有认识到是自己的问题,他一直觉得都是爷爷的错。如果当年是父亲接了爷爷的班,那么他就会生活在城里,就能穿好衣服,就不会有农村口音,更不会被同学嘲笑,他就会学习好,也能像妹妹一样考上一所理想的大学,每天坐在办公室里,看看报纸,喝喝茶。就因为爷爷的偏心,他现在只能面朝黄土背朝天地在地里刨食。

终于有一天,妒忌让他的心更加浮躁了,在同村一个不务正业的人的怂恿下,他参加了一个盗窃团伙。没想到第一次作

Chapter 5
决心：没有绝望的处境，只有绝望的人

案就被抓了，不过因涉案金额不大，他只被拘留了十五天。但因为有了这样的前科，他的婚姻不太顺利，最终找了一个带着八岁男孩的媳妇。他不甘心自己活得这么窝囊，可是他不敢走出村子去打工，也不敢在农村搞副业，只能种地。当他的孩子降生到这个世上的时候，他的日子就更加艰难了。

有时候，他也会想，如果他能不在意同学的眼光，把心思都用到学习上，是不是会有不一样的人生？可他只是想想，当生活中再有机会摆在面前时，他还是不敢鼓起勇气去尝试，他总觉得自己的运气不好，做什么都不会成功。

为什么你不如人？为什么你总是在抱怨命运？你想与自己羡慕的那些人一样过上好日子，抱怨是没有用的。你要做的是集满勇气，去改变自己的现状。生来成功的人不多，大多数人的好日子都是自己打拼出来的。

新希望集团董事长刘永好为了创业敢于辞去好工作，并劝自己的三个哥哥也辞去工作。他有的不仅是创业的眼光，更重要的是他有承担责任的勇气。在兄弟四人创业之初，他们自己能拿出的钱仅有1000多元，加上从亲属那借来的钱也不足5000元。他们就是凭着这一点钱大胆地开始了创业。

但不久，他们就遇到一个大困难，有客户订购了10万只小鸡雏，却毁约了。当时有8万只小鸡雏已经要孵化了，这些小鸡雏就像山一样压在他们的背上，如果卖不出去，他们所有的钱就都要砸在里面了。有人犹豫了，不想再坚持下去，怕会有更大的损失。刘永好及时地劝阻了兄弟们，并和他们分析了当时的情况，然后四兄弟背起筐子，骑着自行车，走街串巷推销小鸡。

不知跑了多少个市场，经历了多少个披星戴月的日子，他们把 8 万只小鸡雏都卖了出去。四兄弟虽然累得又黑又瘦，但是看着比原来订购商履行协议还要好的收益，他们都笑得非常开心。如今，他们兄弟四人都已经成为新希望集团的大股东，家庭财富上百亿。

马云应聘十几次都没有成功，却敢于去创业；中国四川的无臂大学生彭超，用脚也敢去参加《中国诗词大会》，还尝试着做直播。你若不甘心，也可以像他们一样集满勇气去拼去闯，命运会给你一个满意的回馈的。

生活不可能绝对公平，工作也不可能一帆风顺。我们要学会接受现实，适应环境，并将"不公平"的思想抛在脑后，以轻松的心情创造全新的生活。如果总是抱怨，就会在抱怨声中丧失奋斗的动力，甚至一辈子碌碌无为。

Chapter 5
决心：没有绝望的处境，只有绝望的人

决心就是力量，信心就是成功

你能做出决定，说明你心中充满了力量；你能相信自己的力量，你就会坚持努力下去。而成功从来只青睐努力奋进的人。

——题记

每个人心中都有一个美好的梦想，但是如果只是想想，而不下定决心去实现它，不相信自己能实现它，梦想又怎么会凭空变成现实呢？

下定决心去完成目标，这是实现梦想不可缺少的力量。有了力量我们才能去执行、去努力、去拼搏。实现梦想也需要信心的加持，只有有了信心，才能在困难面前不退缩，勇敢地坚持下去，最终到达成功的彼岸。

台湾老人赵慕鹤 75 岁的时候，决定到国外走一走，看看世界上不同地方的风土人情。亲朋好友得知他的决定，都劝他放弃这个想法。原因有三：一是他的年龄太大，一个人外出，没有人照顾太不安全了；二是他的存款很少，很难应付旅行的开支；三是他的外语不行，只会说 Yes 和 No。

这些难题他不是没意识到，但是这不能动摇他去国外旅行的决心。他知道如果困于这三个问题，他将永远没有机会出国了。

钱不多可以省着花。旅行的时候他选择坐火车，而且尽量选择夜间的班次，这样他只需要花一张卧铺票的钱，就可以把住宿费节省下来。不用坐车的日子，他就选择住宿费用很低的青年旅社，有时候甚至就睡在火车站的椅子上，或是在电话亭里凑合一宿。

不懂语言也好办。在国外就餐时，他尽量找中餐厅，还请人把一些旅行中常遇到的问题写在纸条上，然后拿着纸条去打车、买票。不知道哪里是旅行的好去处，更没问题，他跟着背包的人走，总会到达一个意想不到的好地方。为了预防迷路，他每到一个地方都会买好地图，了解当地的公交车路线。就是靠着这样简单的方法，他将英国、法国和德国的很多地方都走了一遍。

6个月后，当他神采奕奕地回到家乡的时候，朋友们都为他的归来喝彩。

他决心去旅行，相信自己可以做到，他就做了，而且完美实现了愿望，圆了此生的一个梦想。他是成功的，也是令人佩服的。

Chapter 5
决心：没有绝望的处境，只有绝望的人

你能做出决定，说明你心中充满了力量；你能相信自己的力量，你就会坚持努力下去。而成功从来只青睐努力奋进的人。

一个敢于下定决心，并充分相信自己的人，在人生的各个方面都会有收获。这在赵慕鹤的身上得到了充分的体现。

赵慕鹤 86 岁那年，为了鼓励对高考丧失信心的后辈，他决定和后辈一起报考大学。但遗憾的是，因为准备不足，他和后辈都落榜了。但是他没有气馁，并鼓励后辈再接再厉。第二年，不仅后辈顺利考取了台湾中华大学，他也被台湾空中大学文化艺术系录取了。虽然他拿到了录取通知书，但是很多人都认为他坚持不下来，甚至有传言说，一位教授扬言只要他能坚持下来，就给他下跪。

虽然他年老体迈，与青壮年的适龄大学生比起来，体力差得不是一星半点，但是他一点也没有怀疑过自己，他认为只要自己能活到那天，就能毕业。他每天骑自行车上学，从未缺过一节课。他利用一切时间学习，正常情况下，那些适龄同学要读六七年才能修满的学分，他只用了 4 年就修满了，成为班上第一个毕业生，那一年他 91 岁。

96 岁时，朋友的儿子要考研，他又一次有了学习的热情。他决定和朋友的儿子一起考研。当时距离考试仅有 3 个月，但他一点不怕。他闭关学习了 3 个月，在此期间一次都没有外出，最终顺利考上了台湾南华大学哲学研究所。经过两年的努力学习，他取得了硕士学位，成为全世界年龄最大的硕士研究生，

创造了一个新的吉尼斯世界纪录。

世界上的成功人士都必须具备决心和恒心。

决定做什么,就相信自己能做成什么,那么你就真的能做成。

Chapter 5
决心：没有绝望的处境，只有绝望的人

决心是成功的开始

  决心犹如田径赛场上发令枪的枪声，是开始奔跑的信号。竭尽全力就可能获得名次；应付了事，只会一败涂地。不是所有的决心都能换取成功，但是所有的成功都需要一个竭尽全力努力的过程。

——题记

  成功不是想出来的，如果只有想要成功的心，却不想为了成功而努力，那你将永远活在幻想的成功里，在现实中只能是个失败者。

  一个在跳高方面非常有天分的运动员，本来可以顺利地参加奥运会，甚至可以拿到奖牌，却因为一场意外的车祸永远失去了右腿。这件事发生后，他的生活一落千丈，整日抑郁消沉。一段时间后，他突然醒悟了过来，坚定地告诉自己："我一定要重新回到赛场上！"他想，自己虽然失去了右腿，但还有左腿。

之后他开始努力练习左腿单腿跳高，他想用一条腿去实现自己的梦想。功夫不负有心人，最后他在残疾人运动会上获得了单腿跳高的金牌。

在这个世界上，没有什么是不可能完成的，重要的是，你下定决心了吗？不管遇到多大的困难，只要你下定决心克服一切困难，不怕辛苦，一点点前进，坚持不懈，最后肯定能走出困境。

有人说成功的秘诀是坚持，有人说成功的秘诀是忍耐。其实，是什么并不重要，重要的是你怎么做。

决心犹如田径赛场上发令枪的枪声，是开始奔跑的信号。竭尽全力就可能获得名次；应付了事，只会一败涂地。不是所有的决心都能换取成功，但是所有的成功都需要一个竭尽全力努力的过程。

我有个高中同学叫李晶，高一时我们俩的成绩差不多，都处于班上的中下等。到了高二，李晶感到自己再这么下去，考上理想学校的可能性几乎为零，从而下决心开始努力。她的物理、化学、英语成绩都不理想，想要把总成绩提上来，就得把这几科的成绩都提上来。可是每天的作业和练习那么多，要如何才能把这几科补上来呢？

自己想不到办法，她就去请教班主任。老师让她每天早上挤出 30 分钟时间学习英语，晚上挤出一小时的时间，30 分钟用来学习物理，30 分钟学习化学，并要她长期坚持，不可松懈。

Chapter 5
决心：没有绝望的处境，只有绝望的人

每天多挤一个半小时，对于本来就繁重的学习生活来说，无疑是雪上加霜。但是李晶没有在繁重的学业面前低头，她把所有不必要的娱乐时间都放弃了，喜欢听的歌不听了，喜欢的电视剧更是一分钟也不看了，把学习和休息时间安排得妥妥当当。虽然生活变得比以前单调了，也比以前更累了，但是李晶为了考上理想的学校，全都忍受了下来。

功夫不负有心人。高二下学期期末考试的时候，她的英语、化学、物理三科成绩都有了很大的提高。很多同学对她能取得这样的成绩表示惊讶，我也觉得很不可思议，明明是差不多的成绩，怎么突然间差距这么大了呢？

于是，我非常诚恳地向李晶请教。李晶告诉了我，她下定决心迎头赶上时是如何行动的。我恍然大悟。

于是，从假期开始，我就合理安排时间，把落下的课程一点一点地往回补。虽然没有老师的指导学习起来困难重重，但我都咬着牙一一克服了。

到了高三，我仍然保持良好的学习习惯，成绩稳步上升。高考结束的时候，我的成绩虽比李晶差一些，但仍然比以前提高了一大截。

每个人都希望自己是最优秀的，但是，当面对困难的时候，若没有克服困难的决心，不能把决心坚持到底，就不会得到最终的成功。要想获得成功，决心是成功的开始，是成功的奠基者，执行力则是最终结果的决定者，二者缺一不可。

05

成功也许只是每天比别人多做一点点

成功不会一蹴而就，要经过一点一滴的努力，由量变引发质变才会呈现在我们的面前。想获得成功，不能急于求成，要有脚踏实地的精神，让自己每天进步一点点，不断缩短与成功的距离。

——题记

"滴水穿石"这个词大家都知道，它说的是水滴的力量虽然很小，但经过足够长时间的积累，也可以将石头滴出一个洞来。可见就算只有一点力量，积累起来也会产生惊人的效果。所以不要小看每一点变化，只要能一直坚持下去，就会积累出一个奇迹。

著名的木桶定律，说的是一个木桶的容积是由它最短的那块板决定的。如果一个人知道自己的短板在哪里，每天加长一点点，在一段时间之后，他的能力就会有一个很大的提升。如

Chapter 5
决心：没有绝望的处境，只有绝望的人

果一个人慢慢地把自己所有的短板都加长，那么他离成功还会远吗？

有一个叫陈志的营养师来自山东农村。因家境不好，他只读完初中就出来打工了。他先是给一个小餐馆的厨师当学徒，慢慢地学会了炒菜，师父忙的时候，他也有机会炒菜了。时间长了，有的顾客还专门点他炒菜。但因为没有厨师证，没有正规的餐馆聘用他。他索性攒了几个月的钱，给自己报了一个厨师班。在拿到厨师证后，他终于可以进入比较正规的酒店做厨师了。

做了厨师没多久，他发现主厨总是一有空就看书。他就凑过去看主厨看的是什么书。结果他发现，主厨看的都是一些关于营养搭配的书，搭配方法和他们平时做的菜品有些不太一样。他虚心向主厨请教，这种菜谱饭店里很难用到，主厨看它做什么？主厨非常喜欢这个淳朴的孩子，告诉他："了解了营养搭配，就可以给一些特殊人群订制菜谱，懂营养搭配的厨师以后的就业范围会更广。"

陈志是个有心的孩子，听了主厨的话，他也开始看有关食物营养搭配的书，但是只能了解一些表面的东西。后来听说有一些学校开设有公共营养课，主讲老师都是一些专家、教授，他就报了学习班，每天利用业余时间进行学习。

经过一年多的学习，他终于拿到技术证书。不仅如此，他还听取老师的意见，每周都写一篇学习心得或是一篇营养小知识。刚开始的时候，一篇文章他要左思右想好久才能写出几百字，还要被老师改很多地方，但是他一直没有灰心，坚持了下来。老师看到他认真的样子，也认真指导他。经过两年的努力，他写的文章在《健康时报》等多家生活健康类报纸上发表了。

后来营养学会的老师组织学员进行讲课训练，他也参与了。因为文化水平低，他比别人多付出了几倍汗水。最终，他从那期学员中脱颖而出。此后，营养学会开办的许多公开课都请他去讲，他成了全国知名的营养讲师。

成功不会一蹴而就，要经过一点一滴的努力，由量变引发质变才会以最美好的方式呈现在我们的面前。想获得成功，不能急于求成，要有脚踏实地的精神，让自己每天进步一点点，不断缩短与成功的距离。

每天多做一点点，往往会收获更多的回报。无论从事什么工作，只要你比别人多做一点点，你就可以渐渐超越别人，这不仅让你与众不同，也会为你的成功铺平一条道路。

亨利·瑞蒙德在美国《论坛报》做责任编辑时，尽管一星期只能挣6美元，但他还是每天都主动加班，平均每天工作十三到十四个小时。

亨利说："为了获得成功的机会，我必须比其他人更扎实地工作。"他在日记中这样写道："当我的伙伴们在剧院时，我必须在房间里；当他们熟睡时，我必须在学习。"他每天坚持"比别人多做一点点"，最终成为美国《时代周刊》的总编。

Chapter 5
决心：没有绝望的处境，只有绝望的人

有时候，成功只是因为你比别人多做了一点点那么简单。

大到对工作的态度，小到正在做的事，只要你能"多做一点点"，坚持"多做一点点"，就会把它们做得更完美，就会有更多的回报。

水温再升高一度就达到沸点，山再攀登一步就可达绝顶，横竿再上移一厘米就能刷新世界纪录。多那么一点儿，结果就迥然不同。

06

怀揣无畏之心,你的梦想值得你拼尽全力

能够达成自己的心愿,才是一个完美的人生。过程中可能会历经千辛万苦,但是每一次进步,都会为你的心灵注入自信的甘露;每一次奋力拼搏,都是生命力量的展示。让自己奔跑在梦想的路上,去感受心灵与生命的华丽乐章。

——题记

成就自己的梦想,要有一颗无畏之心。既然已经决定了要去做,那么就坚决地做好,不要一遇到困难,就将自己曾经的决心丢至脑后。成功的路上就是需要你能够披荆斩棘,能够为达目标而倾尽全力。

能够达成自己的心愿,才是一个完美的人生。过程中可能会历经千辛万苦,但是每一次进步,都会为你的心灵注入自信的甘露;每一次奋力拼搏,都是生命力量的展示。让自己奔跑

Chapter 5
决心：没有绝望的处境，只有绝望的人

在梦想的路上，去感受心灵与生命的华丽乐章。

冯绪泉是江西省铜鼓县人，他的父亲是当地有名的手艺人。在他父亲的手下，竹子可以变成竹筐、竹篮等各种各样的家用器具。受父亲的影响，他从小就对竹子有着浓厚的兴趣，上小学的时候，他已经能用竹子编出精美的蝴蝶和小花篮了。

但是父亲为了让他专心读书，禁止他用竹子编那些小玩意儿。他只能写完作业后，悄悄去编一些自己喜欢的小玩具。

结婚后，他毅然与妻子一起外出打工，希望多见见世面，找到一条既适合自己也有利于家乡的出路。

在打工的过程中，他经历了无数挫折与磨难，进过工厂、摆过小摊、做过苦力，最不顺的时候几个月都没有工作。妻子多次劝他回家，但是他从未动摇过继续在外面打拼的信念。家是一定要回的，但是他要找一条充满希望的回家之路，而不是灰溜溜地躲回家里。

机会终于来了。有一天，冯绪泉在路上遇到了他的同学张建军。张建军当时在深圳的一家电脑科技公司上班，负责做设计，但他负责设计的键盘和音箱被老板嫌弃没有创意，他的压力非常大。冯绪泉想起家乡多的是竹子，他建议张建军可以考虑用竹子做键盘的材料。张建军对他的提议并不看好，感觉竹子会拉低电脑的档次，没有顾客会喜欢竹制的键盘。

冯绪泉却觉得这是个很好的创意，他觉得制作精美的竹制键盘会比塑料键盘更加上档次。自己的家乡有很多竹子，如果真能用竹子开发出键盘，那么于己于家乡都将是一个非常大的机遇。

从那以后，他开始利用业余时间，尝试做竹键盘。妻子和张建军都劝他放弃，不要做无用功，但他对这些劝说置若罔闻，坚持不断地尝试。

为了能尽快做出竹制键盘，他毅然辞去了工作，返回家乡继续实验。但是半年过去了，他还是没有成功。在一片劝阻声中，他又找了一个生产竹地板的公司寻求合作，这家公司当时正面临着产品没有新意，市场严重缩水的问题。

冯绪泉用竹子做键盘的想法，引起了这家公司老板的兴趣。他给冯绪泉配备了一个研发小组，改良他在实验中遇到的竹键盘易断、易变形、回弹力度不够等问题。经过九个月夜以继日的实验和改良，研发小组在他的领导下，终于开发出性能高于塑料键盘的优质竹制键盘。

之后，竹制键盘通过了国家质量监督管理局的严格检测，并获得了国家专利，结束了键盘只以塑料为原料的历史。

竹制键盘圆了冯绪泉的梦想，不仅让他在不到一年的时间里就积累了500多万元的个人财富，还带动了家乡的经济发展。如今他已经成为江西铜鼓江桥竹木业有限责任公司的总经理，带领着他的企业奔向另一个光辉的未来。

挫折，是成功的朋友，其中孕育着辉煌，大都会在成功之前到来。其实，挫折是为了让我们更好地珍惜那来之不易的成功。而成功，就是给那些战胜挫折的人的最好的奖赏。

Chapter 5
决心：没有绝望的处境，只有绝望的人

1864年9月，寂静的斯德哥尔摩市郊，突然爆发出一声震耳欲聋的巨响，滚滚的浓烟霎时冲上天空，一股股火焰直往上蹿。当惊恐的人们赶到现场时，只见原来屹立在这里的一座工厂只剩下残垣断壁。火场旁边，站着一位30多岁的年轻人，突如其来的惨祸和过分的刺激，已使他面无人色，浑身不住地颤抖着……

这个大难不死的青年，就是后来闻名于世的弗莱德·诺贝尔。诺贝尔眼睁睁地看着自己所创建的硝化甘油炸药实验工厂化为灰烬，他的四位助手及他在大学读书的弟弟都因此失去了生命。

事情发生后，警察局封锁了爆炸现场，并严禁诺贝尔重建自己的工厂。人们像躲避瘟神一样地避开他，再也没有人愿意出租土地让他进行如此危险的实验。但是，困境并没有使诺贝尔退缩，几天以后，人们发现在远离市区的马拉仑湖上，出现了一只巨大的平底驳船，驳船上并没有装什么货物，而是装满了各种设备，一个年轻人正全神贯注地进行实验。这个年轻人就是在爆炸中死里逃生，被当地居民赶走了的诺贝尔。

无畏的勇气往往令死神也望而却步。在令人心惊胆战的实验中，诺贝尔没有放弃自己的梦想。皇天不负有心人，他终于发明了雷管。雷管的发明是爆炸学上的一项重大突破。随着当时许多欧洲国家工业化进程的加快，开矿山、修铁路、凿隧道、挖运河等都需要炸药。

于是，人们又开始亲近诺贝尔了。他把实验室从船上搬到斯德哥尔摩附近的温尔维特，正式建立了第一座硝化甘油工厂。接着，他又在德国的汉堡等地建立了炸药公司。

一时间，诺贝尔的炸药成了抢手货，诺贝尔的财富与日俱增。然而，初试成功的诺贝尔，好像总是与灾难相伴，不幸的消息接连不断地传来。在美国，运载炸药的火车因震荡发生爆炸，火车被炸得七零八落；德国一家著名工厂因搬运硝化甘油时发生碰撞而爆炸，整个工厂和附近的民房变成了一片废墟；在巴拿马，一艘满载着硝化甘油的轮船，在大西洋的航行途中，因颠簸引起爆炸，整个轮船葬身大海……

一连串骇人听闻的消息，使人们对诺贝尔望而生畏，甚至又把他当成瘟神和灾星。随着消息的广泛传播，诺贝尔再一次被人们抛弃了。

面对接踵而至的灾难和困境，诺贝尔没有一蹶不振，他身上所具有的毅力和恒心，使他对已选定的目标义无反顾。

大无畏的勇气和矢志不渝的恒心激发了他的潜能，他最终征服了炸药，吓退了死神。诺贝尔赢得了巨大的成功，他一生共获专利发明权355项。他用自己的巨额财富创立了诺贝尔奖，这一奖项被国际学术界视为一种崇高的荣誉。

勇敢地去追求梦想，不要被困难所羁绊，成功就是克服困难后赢得的胜利果实。

Chapter 5
决心：没有绝望的处境，只有绝望的人

带着信念，在撕裂中继续前行

人生总是会遇到让人两难的境地，两个极端的情况同时出现，向左还是向右都会留下遗憾。是妥协止步，还是秉持着信念在这种撕裂中保持前行？相信每个人都会选择后者，因为妥协只会让人生变得更加糟糕，而保持前行才会让人生更加多彩。

——题记

有句话说得好："你怎样看待世界，就会得到怎样的世界。"这便是信念的力量。信念到底有多大的力量呢？一个成功者对此是这样回答的："信念的力量是伟大的，因为你抱有怎样的信念，就会出现怎样的现实。"

那么，你知道信念究竟是什么吗？其实，它就是船舶在航行过程中所使用的罗盘，黑暗路途上一盏可以指引方向的灯塔。信念之于人，就好像翅膀之于鸟，是我们展翅高飞的翅膀，是我们在遭遇各种挫折与磨难的时候，坚持不懈，努力奋斗，不抛弃、不放弃的理由。

　　人的一生中总会出现一些问题，在撕扯着他们的决定。是力争上游释放生命能量，还是随波逐流悠闲度日？是守在父母身边尽孝还是出门闯荡？面对困难是退却妥协还是迎难而上？不同的人有不同的选择，不同的选择自然会有不同的结果。

　　人生总是会遇到让人两难的境地，两个极端的情况同时出现，向左还是向右都会留下遗憾。是妥协止步，还是秉持着信念在这种撕裂中保持前行？相信每个人都会选择后者，因为妥协只会让人生变得更加糟糕，而保持前行才会让人生更加多彩。

　　张丽是一家大公司的出纳，丈夫是一家跨国公司的总经理，两人的工作都很忙。他们有一个女儿，是一个非常聪明漂亮的孩子。由于工作忙，他们每周和孩子相处的时间非常少，孩子变得越来越叛逆，学习成绩越来越差，更要命的是，刚上初三的她，总是出入一些网吧、酒吧。他们夫妻二人为此伤透了脑筋。

　　拯救孩子就要牺牲自己的事业，成就自己就要牺牲孩子的未来，在残酷的现实面前，夫妻二人陷入了僵持。最终，张丽主动做出了让步，她辞职了，留在家里照顾女儿，每天与女儿一起复习功课，耐心地给她讲解知识点，生活上对她更是照顾得无微不至。女儿那颗不羁的心终于受到了触动，坏习惯慢慢都改正了。

　　女儿不在家的时间，张丽也没有闲着。虽然已经年近

Chapter 5
决心:没有绝望的处境,只有绝望的人

四十,但她还是给自己报了一个会计专业的自考班。她不想在远离职场的这段时间里,把自己变成一个真正的家庭主妇。她想要成为会计的心愿还没有达成,她还要努力。

女儿与她越来越亲密,学习成绩也越来越好。但是因为底子太薄,女儿考上重点高中的希望还是比较渺茫。她与女儿谈心,劝说了好多次,女儿终于同意复读一年。她和女儿约定,女儿中考时,她也会报几门课程参加自考,母女二人一起努力,看谁的单科成绩高。这一提议让女儿对学习的兴趣更浓了,她认为自己正值青春年少,学习能力肯定比妈妈强,她赢定了。

在这样一个良好的学习氛围下,母女二人都开始努力学习。张丽的丈夫只要有空就会过问孩子的学习情况,出差的时候,也尽量给孩子打个电话,加强与女儿的联系,让她感受到父亲对她的关爱。女儿的学习劲头越来越足。

女儿复读后的中考成绩,竟然高出了重点高中录取线二十分。张丽和丈夫都激动得热泪盈眶,女儿也非常得意,她自己也没想到会发挥得这么好。而张丽报考的三门课自考也全部通过,有一门还获得了很高的分数。女儿有些不服气,说会在以后超过她。

女儿有这样的雄心壮志让他们夫妻二人非常高兴,孩子知道努力了。但是张丽没有急着去上班,而是决定等孩子高中毕业后再出去工作。期间,她又用了一年的时间,拿下了会计专业的本科毕业证。拿到会计本科毕业证后,张丽开始给一些小公司做兼职会计，这样既可以有个练手的机会，也有充分的时间照顾孩子。

懂事的女儿曾几次劝她找个稳定的工作，她都一笑而过。她不想因为一份工作而耽误女儿的未来。无论她多想在事业上取得成功，都不能顾此失彼。她认为自己现在的安排非常好，女儿毕业后，她既有兼职工作经验，又有技能证书，找工作应该不会太难。

女儿在高考中发挥非常出色，考上了中国人民大学。这一次，张丽终于放心地找了一份全职的会计工作。虽然她的年龄比较大，但是她像年轻人一样勤快努力，而且又有多年的出纳和兼职会计经验，因此只用了三年不到的时间，她就成了公司的总会计师。

人生就是这样，总是会面临许多选择，而无论如何选择，只要你不放弃自己的信念，下定决心坚持继续前行，人生就不可能暗淡无光。两难的选择只能撕裂你的处境，但是撕裂不了你的决心，撕裂不了你的信念。带着信念，在撕裂中也能继续前行。

Chapter 5
决心：没有绝望的处境，只有绝望的人

没人会让你输，除非你自己没有想赢的决心

> 努力就会有所收获，付出就会得到回报。想要达成心愿，就要坚持不懈地努力，不吝惜时间的付出，不计较生活的忙碌，不惧怕所有遇到的挫折与困难。
>
> ——题记

任何一个有进取心的人，心中都有一个前进的目标，但达成目标的过程不会一帆风顺，总会遇到或大或小的困难。是在困难面前止步，还是迎难而上、不达目的不罢休，这要看一个人的决心有多大。

白岩松进入中央电视台主持的第一个节目是《东方时空》，他是这个节目的创作人之一。因为他的主持风格深刻而不失灵活，活泼而不媚俗，受到了广大观众的欢迎。此后他又主持了《子夜》《焦点访谈》《新闻1+1》《中国周刊》（后更名为《新闻周刊》）《艺术人生》等节目。

白岩松在职业生涯里获奖众多，并成长为中央电视台著名的主持人。他于1997年获"金话筒奖"，2000年获"中国十大杰出青年"荣誉称号，2008年获第九届长江韬奋奖，2009年获华语主持群星会"华语主持成就人物"，2010年获中央电视台"名播音员、主持人"、第11届中国电视榜"最佳时评节目主持人"，2016年获中央电视台"十佳播音员主持人"……

一个人是否能成功，要看他是否有一定要赢的决心。下定决心，努力坚持，没人会让你输。

白岩松出生在内蒙古，母亲非常希望能将他培养成才，可白岩松对学习一点儿也不上心。

到了高三，曾经陪白岩松嬉闹玩耍的那些同学们都开始认真学习了，他才终于意识到，到了要"冲刺"的时候了。于是，白岩松收起了玩闹的心思，给自己制订了一套复习计划，坚持每天严格按照计划复习，并且目标明确——他一点也不想在高考的战场上输给自己。

在经过了地狱般的两个月后，白岩松以全班第八名的成绩考上了北京广播学院（如今的中国传媒大学）。

虽然考上了大学，但毕业后他也将面临自主择业。要想找到一份好工作，就只能靠自己了。在大学期间，他努力学习，不断丰富自己的学识，他相信凭着自己的努力，一定能找到一份好工作。毕业时，他得到了中央人民广播电台的面试机会。经过层层面试，优秀的他被录取为《中国广播报》的编辑，白

Chapter 5
决心：没有绝望的处境，只有绝望的人

岩松非常喜欢这份工作。

虽然有了一份不错的工作，但是他没有放弃努力，他要追求更高层次的人生，希望自己更加优秀。所以在工作之余，他不断练笔，文章渐次见诸报端，他的才华一点点展露出来。中央电视台要开辟《东方时空》栏目时，主创人员看中了他的才华，邀请他参与。后来，他不仅成了节目的主持人，还全程参与了栏目的创办。能做到这一点，是他平时不断积累、不断丰富自己学识的结果。

让你输、让你赢的都是你自己。成功拼的从来都是你的努力程度，只是起点有高有低。不要给自己找借口，只要你下决心去努力开拓，就没有人能让你输。

Chapter

勇气：只要无所畏惧，你就无人可挡

总是有人给自己平淡的人生找借口：出身不好、没有天赋、无人支持……事实上，真正获得成功的人，都是敢想敢做、不找借口、只找方法的人。成功不需要借口，它只需要你有勇气，并执着前行。

即便是小草，也要有抵挡寒霜的勇气

命运给了你什么，请善加利用。如果你是一株小草，那么就要有小草的坚韧，有小草抵挡寒霜的勇气，这样才会拥有生机勃勃的春天。不要去抱怨你没有什么，那对你的人生没有意义。是花就勇敢地绽放，是树就挺直了脊梁，是雨就去滋润大地……生命之光展现在每个人的行动里。

——题记

没有人一出生就什么都会做，只有经历了现实的打磨和生活的历练，才会一步步走向成功。面对生活中遇到的种种，要勇敢地去面对，而不是千方百计地逃避。只有不断直面困难，勇敢地解决问题，才能焕发出生命的光彩。

小兰是一个很有跳舞天赋的孩子，她从五岁起就到舞蹈班里进行系统的学习。但是她性格过于内向，大家一起跳舞的

Chapter 6
勇气：只要无所畏惧，你就无人可挡

时候，她还可以勉强应付得来，一旦让她领舞或独舞，她就会非常害怕。

看到许多舞跳得没有自己好的小朋友，都有领舞和独舞的机会，她心里非常难过。可是无论父母和老师如何鼓励她，她都不敢单独面对观众。每一次表演结束，她失落的样子都深深刺痛着父母的心。老师也建议她的父母，实在不行就让她参加别的兴趣班。可是小兰又偏偏特别喜欢舞蹈，不让她跳舞对她来说是件很残酷的事。

父母明白，如果不能让小兰克服这种害羞的心理，那她再有天赋也是惘然。一个舞者如果不敢表达自己，她怎么会有站在更高舞台上的机会呢？对于小兰来说，当下最主要的问题就是要战胜自己，这对她的人生来说有着非常重大的意义。否则在别的方面，她也会是一个不敢争取，一退再退的弱者。

小兰的父母为此请教了许多教育专家。在专家的指引下，他们协助小兰咬牙克服了无数心理束缚，经过三年多的努力，终于让小兰勇敢地独自站在了舞台上。在小兰完成第一支独舞时，她和父母都激动地哭了起来——小兰终于成功了！

无论命运给了你什么，都要善加利用。如果你是一株小草，那么就要有小草的坚韧，有小草那般抵挡寒霜的勇气，这样才会迎来生机勃勃的春天。不要去抱怨你没有什么，那对你的人生来说毫无意义。是花就勇敢地绽放，是树就挺直了脊梁，是雨就去滋润大地……生命之光展现在每个人的行动里。

参加抗美援朝战争的战士朱彦夫，在战斗中被敌军的手榴弹炸伤，几经波折被送到医院。所有人都以为他活不了了，可他竟然活了下来。

当他在医院里睁开眼睛的时候，发现自己的手和脚都被切除了。忽然从一个浴血奋战的战士，变成一个毫无自理能力的残疾人，巨大的打击，让他一度丧失了活下去的勇气，但是在众人的劝解和帮助下，他勇敢地面对了这一切。像他这样伤残程度的军人本来可以留在部队医院里，由专人照顾，但是经过一段时间的康复治疗后，他毅然放弃了这个待遇，回到了家乡。

他不想像个废人一样被照顾一辈子，虽然身体残疾了，但是精神不能残，他希望能靠自己的能力生活下去，不拖累别人、拖累国家。

回到家里，他开始练习自己吃饭，自己安装假腿。刚开始的时候，一个动作重复一百次都不一定成功，很多次碰到伤口长出的嫩肉，他都痛得死去活来。但是他没放弃努力，咬牙坚持了下来，终于可以自己吃饭，自己照顾自己了。

他的顽强精神感动了一个善良的女人，她嫁给了他。结婚后，两个人还有了一个乖巧可爱的女儿。生活如此美好，但是他没有止步于此。为了提高家乡人的文化素质，他用自己的伤残补贴金办起了村图书室。

后来，他被推举为村支部书记。他勇敢地挑起了这个重担，带领村民们开山造林，修渠引水……在任十多年，他一直兢兢

Chapter 6
勇气：只要无所畏惧，你就无人可挡

业业，不辞辛苦，克服了许多常人难以想象的困难，带领家乡父老走上了脱贫致富之路。

退休后，他想把自己的经历写下来，一是为了纪念自己不屈的一生，二是想让那些和他一样的残疾人知道，无论遇到多大的困难，都要鼓起勇气去面对。为了写书，他练习用嘴写字。但这样会流口水浸湿字迹，还会引起头晕，他又改用胳膊夹着笔写。经过七年的努力，他终于把自己的经历写成了书，他的书一经出版便受到了广大读者的热烈追捧。

他的人生就像一株小草，更确切地说是一株受伤的小草，但他毫不畏惧地直面能够将他撕裂的寒风，并最终从土壤中抽出生命的新芽，创造了一段令人敬佩的人生。

跌倒也别怕,重要的是赶紧爬起来

> 人生不会一帆风顺,要有不言败的决心,跌倒了就爬起来,鼓起勇气努力向前冲,成功会在另一个路口等着你。
>
> ——题记

从古至今,没有谁生来就是一帆风顺,从未遇到过挫折与失败就获得成功的。因为成功本来就是在挫折与失败中淬炼出来的。面对挫折与失败,鼓起勇气努力向前,早晚会有柳暗花明的一天。

当代中国企业界的传奇人物史玉柱,其经历可以写成一本励志传奇。他从负债2.5亿到身家500亿的华丽大变身,是不甘失败走向成功的最好案例。

当年他凭着自己开发的汉卡软件和"M-6401桌面排版印刷系统"软盘开始打天下,身上除了一张营业执照只有4000

Chapter 6
勇气：只要无所畏惧，你就无人可挡

块钱。而当时最便宜的电脑也要8500元钱。他没有被这个问题难倒，而是想出一个巧妙的办法解决了电脑问题——加价1000元，延缓半个月付款。他还用相同的方法换来广告，并以电脑做抵押，挣到了人生的第一桶金。

此后虽然波折不断，但总体发展势头非常好。1994年，史玉柱当选中国十大改革风云人物。同年，他开始修建自己的公司——巨人大厦。因为一时的浮躁和对现实的认识不清，本来只准备建18层的建筑被拔高到70层——他想盖中国第一高楼。可是，当时他手里的钱仅够给这栋楼打个地基。

公司的发展势头本来很好，但因为不断地抽调资金来建大厦，1997年，企业的资金链断裂。巨人大厦被迫停建，巨人企业名存实亡，史玉柱也因此背上了2.5亿的巨额债务。

但他没有因此绝望，而是很快从失败中走了出来，在创业的路上继续前行。

史玉柱进军保健品行业，先后打造了脑黄金、脑白金、五粮液黄金酒等知名品牌。

后来，他又进军互联网游戏产业。《征途》是他投资的第一个网络游戏。为了能把《征途》打造为行业第一，他不仅自己身兼策划、首席测试员等职，还让自己成了一个"骨灰级"玩家。在测试过程中，即使是深夜发现一个小问题，他也会立刻召集相关人员进行修改。正是凭着他的这种精神，《征途》在同期的类似产品中很快就脱颖而出。

史玉柱能从巨大的失败中站起来，并在日后的发展中不断迈上新台阶，这是非常值得人敬佩的。尤其是那些遇到挫折和失败就再也不敢去拼甚至放弃努力的人，通过史玉柱的经历应该可以得到更多的启示。

能够做到绝地反击，这是一个成功人士具备的最起码的素质。

人生不会永远一帆风顺，要有永不言败的决心，跌倒了就爬起来，鼓起勇气努力向前冲，成功会在另一个路口等着你。

中国的另一位企业家，红塔集团原董事长褚时健，从一代"烟王"变成一代"橙王"，同样演绎了一段传奇人生。

褚时健拥有非常辉煌的过去，但是他的辉煌随着他的入狱，都埋入了尘埃里。不仅如此，他还因此失去了女儿。当年，他已经71岁了，不仅前半生的荣誉扫地，入狱服刑，还要承受白发人送黑发人的痛苦。很多人都以为他挺不过来了，毕竟这样的打击对任何一个人来说都太过沉痛。

但是褚时健竟然坚强地挺了过来。三年后，因身体健康问题，他得以保外就医。当时人们都以为他会安享晚年，可他却毅然选择了再次创业。他不甘心自己的一生只能止于那次巨大的失败，然后就像尘埃一样泯于尘土。

74岁的老人再次创业，选择的却是6年才能挂果的橙树种植。当时很多人不太理解他的选择，但是他下定了决心，并坚决地做了下去。如今，他栽培的"褚橙"因果味纯正，口感好，受到众多消费者的欢迎，每年几万吨的产量不出省就售罄了。84岁时，他凭着自己的努力，又成了一位当之无愧的亿万富翁。他的二次创业成功了！

2014年12月18日，褚时健荣获由人民网主办的第九届人民企业社会责任奖"特别致敬人物奖"。人们向往成功，更敬重那些在成功的路上不屈不挠的人。

跌倒了并不可怕，只要你不甘于失败，勇敢地爬起来，就还有从头再来的机会，同样可以拥有一个闪亮的人生。

人生很短，我们没有时间去悲叹失败；时光很长，每次重新站起，都让生命充满希望。

你若不敢输，
就没机会赢

我比谁都相信越挫越勇

纵观古今中外，有一定成就的人的成功路上大都是荆棘比鲜花多一些。孙膑遭受膑刑，毅然完成《兵法》；李白一生郁郁不得志，却留下了无数令后人称赞的佳作；曹雪芹家族败落后，历经坎坷终写成《红楼梦》……面对挫折他们越挫越勇，最终在历史长河中写下生动的篇章。

——题记

我曾在网上看到过这样一句话："伟大的心胸，应该表现出这样的气概——用笑脸来迎接悲惨的厄运，用百倍的勇气来应付一切不幸。"人必须要在逆境中成长，积极勇敢地面对挫折，越挫越勇，才能做生活的赢家。

生活会给你什么，事先无人能预料，但是面对负面的影响，我们要有越挫越勇的精神，这样才能扭转人生的败局，活出一

Chapter 6
勇气：只要无所畏惧，你就无人可挡

个让人艳羡的人生。

纵观古今中外，有一定成就的人的成功路上大都是荆棘比鲜花多一些。孙膑遭受膑刑，毅然完成《孙膑兵法》；李白一生郁郁不得志，却留下了无数令后人称赞的佳作；曹雪芹家族败落后，历经坎坷终写成《红楼梦》……面对挫折他们越挫越勇，最终在历史长河中写下生动的篇章。

"魔术王子"刘谦的成功也源于他面对挫折时，能够越挫越勇。

刘谦很小的时候就对魔术产生了深厚的兴趣。7岁的时候，他就开始自己攒钱买魔术道具，偷偷练习。为了快点练好，上课的时候他也偷偷练习，因为不熟练加上太紧张，被老师发现了。老师问他在玩什么，他回答在练习魔术操作，不是玩，他以后要成为一个魔术师。他的回答引起了同学们的哄堂大笑，大家都觉得他在异想天开。

被嘲笑的小刘谦非常难过地和父亲说起了此事，没想到不仅没有得到父亲的理解，反而被父亲大声训斥了一顿。父亲认为他是疯了才会有这样的想法，他认为刘谦根本没有成为魔术师的天赋，并告诉刘谦不要在这上面浪费时间，应该把时间都用到学习上。

刘谦没有得到父亲的支持非常伤心，但是他对魔术的热爱并没有因此被打消。他坚持练习，不怕失败，只要有机会就在同学面前表演。终于，在完成了一次完美的表演后，他得到了同学们的认可，成了学校有名的小魔术师。

12岁的时候，他获得了儿童魔术大赛的冠军。父母认识到了他的魔术表演天赋，开始支持他的选择。在以后的日子里，他获得了很多奖项，并在2009年登上了中央电视台春节联欢晚会的舞台，让全国人民领略到了魔术的魅力。

我有一个朋友，刚认识他的时候，他连一个月150元的房租都交不起。但是他并没有因此自暴自弃，而是努力寻找生存下去的办法。他发现在他所住的小区周围有好多老年人腿脚不灵便，就把老家的一种膏药拿来卖。膏药效果很好，他的生意还挺不错的。但因为是药品，完全没有门路和资质的他明白这个办法并不是长久之计。

此路不通，他又开始琢磨卖早点，但是因为生意不太景气，还得接受赊账，早点摊子很快就维持不下去了。妻子劝他回家种地算了，但是他不肯服输，别人能在北京站住脚，为什么他就不行呢？

他看到别人出售小块的原木，一小块原木的价格并不太高，但是做成鸟笼或是摆件时，价格就会翻几倍。一向心灵手巧的他，知道自己终于找到了一条生财之路。他买了一些小叶紫檀的碎木料，开始自己研究做鸟笼。对木料稍有了解的人都知道，小叶紫檀的质地非常坚硬，要做成圆形的鸟笼很困难。

经过几个月的忙碌，他终于做成了一个鸟笼，但出售过程并不顺利。由于是第一次制作，鸟笼的做工非常粗糙，价格

Chapter 6
勇气：只要无所畏惧，你就无人可挡

卖得并不高。不过他依然很高兴，并不断改进制作鸟笼的技术，还开始研究木制珠子的打磨方法。

没人能想到，这个只有小学文化的人，竟然自己研究出了一套硬木珠子的打磨方法。他发现将硬木珠子串成手串出售，更受欢迎，便改做手串、佛珠的生意。仅仅一年，他做的珠子就供不应求了。后来，他招了几个工人，教给他们打磨珠子的方法，把生意不断扩大。但是加工木珠时的噪音比较大，他只能把厂房搬到北京近郊的农村。后来因为各种原因，厂房又换了好几个地方。最后，他把珠子的加工地点转移到了老家。虽然距离北京市场远了，但是人工费用降低了不少，还解决了不少老乡的就业问题，也是一件让人高兴的事。此后他还相继开发了其他的木制品种，材质上也有了更多的选择。

现在的他已经是北京潘家园市场木制工艺品的最大生产和销售商了。

在没有打败挫折之前，你根本不知道自己的真正实力。挫折和成功往往相伴相生，你若提前倒在了挫折脚下，自然不可能成功。

你若不敢输，
就没机会赢

没有面对失败的勇气，就等于拒绝成功

> 玫瑰花美丽芬芳，但它是带刺的，想要把它握在手中，首先要学会处理好它身上的刺。同理，成功的路上总是荆棘密布，如果不能坦然面对挫折与失败，就没有机会获得成功。
>
> ——题记

如果你不去面对人生中的挫折与失败，就只会拥有一个白开水般的人生。成功总会付出代价的，没有人能轻轻松松地取得成功。

玫瑰花美丽芬芳，但它是带刺的，想要把它握在手中，首先要学会处理好它身上的刺。同理，成功的路上总是荆棘密布，如果不能坦然面对挫折与失败，就没有机会获得成功。

苹果公司的创始人之一史蒂夫·乔布斯是一位伟大的领导者。传闻业界称"苹果就是乔布斯，乔布斯就是苹果"。他曾

Chapter 6
勇气：只要无所畏惧，你就无人可挡

多次被评为全美最佳 CEO。然而就是这样一位成功人士，他的成功之路也是坎坷而艰难的。

乔布斯虽然是苹果公司的创始人之一，却曾经被苹果公司辞退过。但这样的打击没有让乔布斯一蹶不振。他远赴印度学禅，意图让自己的心灵得到平静。之后，他创立了 NeXT 公司。在他的带领下，NeXT 公司取得了成功。而失去乔布斯的苹果却深陷泥潭，苹果的时任管理者无奈只能向乔布斯求助。乔布斯回到了已经是个"烂摊子"的苹果公司，重新布局、规划，停止了一切跟不上市场发展的研发，转而开发出一个又一个新产品，引领了电子产品的一个时代。乔布斯将苹果从败局中拉了出来，推向了一个令人仰慕的巅峰。如果在被解雇后，乔布斯不能坦然面对失败，他就不会鼓起勇气再创业，更没勇气去创造一个个的商业奇迹。

正确面对失败是成功者的特质，只有具备这种特质的人才有可能成就一段传奇。

虽然我们不一定要成为名人、伟人，但每个有勇气面对失败的人，都可以成就最好的自己。

郑圆第一年参加高考时，以 3 分之差与心仪的大学失之交臂。在老师和家长的鼓励下，她又复读了一年。郑圆在模拟考试中的成绩都非常好，完全可以在本科院校中选一个好学校好专业，没想到高考时她的分数竟然比本科线低了 10 分。父母非常不解，怎么重学了一年分数反而更低了？模拟考试明明发

挥得很好，高考试卷也不比模拟考试难呀！家长和老师都很不甘心，怀疑可能是考卷的分数计算错了。但是郑圆自己明白，分数不会计算错，一切原因都出在自己身上。因为一到考场上，她脑子里想的就全是"这次考不好怎么办"，根本无法静下心来答题。复读一年，她的压力比之前更大了。

最终，她只能去了一个稍好一点的专科学校。虽然心里十分不甘，但她不想再一次面对失败。原本按她的水平，考一个好的本科院校是很容易的事，但是前一年高考失利对她的打击太大，她无法从失利中走出来，导致再考时过于紧张，成绩反而更差。

没有面对失败的勇气，就等于拒绝成功。只有勇敢地面对失败，才有可能成功。

Chapter 6
勇气：只要无所畏惧，你就无人可挡

你的无所畏惧，终将成就无可替代的自己

　　雄鹰敢于展翅于九天之上，不惧猎猎长风，从而可以俯视大地；种子敢扎根于细狭的崖边石缝，无惧石坚土稀，从而成就一道让人驻足的风景。你若无所畏惧、勇往直前，终将成就无可替代的自己。

——题记

　　我们总是羡慕别人取得的成功，但是否细想过别人都是怎样获得成功的呢？是否问过自己，如果同样的机会摆在你面前，你是否也会成功？你是否愿意像那些成功人士一样，去承受巨大的压力，克服巨大的困难？你是否愿意为了成功，而无所畏惧？

　　雄鹰敢于展翅于九天之上，不惧猎猎长风，从而可以俯视大地；种子敢扎根于细狭的崖边石缝，无惧石坚土稀，从而成就一道让人驻足的风景。你若无所畏惧、勇往直前，终将成就

无可替代的自己。

如今红遍全世界的著名影视演员史泰龙,他的成功对于那些在成功的路上不断遇到挫折的年轻人来说,有很好的激励作用。

史泰龙为了成为一名出色的演员,进入迈阿密大学学习戏剧,却被迈阿密大学退学。然后,他来到纽约——他母亲所在的城市。母亲知道他还没有放弃梦想,建议他自己创作剧本。他听从了母亲的建议,为自己量身打造剧本。在创作剧本期间,为了维持生计,他四处打零工:给动物园的狮子清洗笼子;送比萨饼;替别人钓鱼;在书店帮人照看书摊以及在电影院当领座员。如果百老汇外围剧院里有适合他的临时小角色,他也会尽力争取。在此期间,他过着穷困潦倒的生活,连一件像样的西服都买不起。

剧本完成后,他一次次为自己寻找机会。他第一次主演的影片,是他经过1850次努力才争取到的。有多少人能做到这一点,不仅可以坦然面对贫困,还可以坦然面对1849次失败?

当时的美国好莱坞共有500家电影公司,史泰龙根据自己排列好的名单顺序,带着他写好的为自己量身打造的剧本前去拜访。第一轮拜访,所有公司都拒绝了他;第二轮拜访,所有公司又都拒绝了他;第三轮拜访,这些公司还是都拒绝了他。但是,他仍然没有退缩,开始了第四轮拜访,最终在第350家公司那里为自己争取到了机会。这家公司同意用他

Chapter 6
勇气：只要无所畏惧，你就无人可挡

带去的为他自己量身定做的剧本，并且同意让他担任男主角。这部电影名叫《洛奇》，此片曾被评为第49届奥斯卡金像奖和第34届美国金球奖的最佳影片，并获得最佳男主角、最佳编剧等多项提名。

人生中总会遇到许多不顺心的事情，只要我们不放弃努力，勇敢、坚定地向前行进，就一定能打开人生的新篇章。

不顺与机遇只有一线之隔，当你勇敢地面对挫折时，其实你也是在给自己争取新的机会。遇到多少挫折，就会有多少个机会在等待着你，抓住机会，就能成就自己。

李东毕业于一所农业大学，他是一名很优秀的毕业生，一心想从事一份专业对口的工作。但让他始料未及的是，毕业季招聘时，家中出了急事，他错过了农科所和科研单位的招聘，最终只能到一家水产品养殖场打工。那里不仅工作环境差，还特别累，每个月的工资也勉强只够他一个人的生活费。许多人不理解他的选择，为什么不去好一点的单位找个工作呢？有多少人的工作和专业不对口，不是都比李东现在好吗？难道为了与专业相关，就一定要从事这样特别累工资又很低的工作吗？

李东在这家养殖场工作了三年，精通了牛蛙、甲鱼、螃蟹、龙虾等产品的养殖、疾病治疗和预防方法。然后，他辞职回到家乡开了一间自己的水产品诊所。由于他既有过硬的农业专业知识，又有在大型养殖场工作的经验，很快在当地养殖界树立了威信。一时间，他所在城市的一些养殖专业户，有问题就到

他那里去问诊，并且每次都可以得到快速解决。现在他每天都过得十分满足和惬意。

挫折的背后是机会，但是机会需要你有无所畏惧的勇气，才能抓住它，从而成就无可替代的自己。

马云带领的阿里巴巴集团，在电商领域接连不断地创下销售新高，而且创造了很多商业神话，这与马云无所畏惧的精神是分不开的。正是因为马云有无所畏惧的精神，他才能在困难时期敢于勇往直前；正是因为马云有无所畏惧的精神，他才能接二连三地取得创新，突破纪录；正是因为马云有无所畏惧的精神，他才能谱写成功的乐章！

俗话说："成功源于无所畏。"只有无所畏惧，才可以使我们在学习上突飞猛进，在工作上成绩突出，在研究中获得创新，在生活中抓住机遇。

唯有无所畏惧，方能取得成功。

Chapter 6
勇气：只要无所畏惧，你就无人可挡

抛开杂念，用勇气成就人生

> 做一件事前，最应该考虑的是如何去做好它。如果你总是想做不好会怎样，去做的话会遇到哪些困难，那么在做事的过程中你一定会束手束脚，最终无法成事。
>
> ——题记

春天到了，整个村子的人都在忙着春播，李玉却闲在家里，坐看日升日落。新搬来的邻居问他怎么不去播种，他说他把地租出去了。邻居不解地问他："你又没别的事，为什么把地租出去呢？那点租金怎么会有收成多？"李玉说："租出去多好啊，我就什么都不用担心了。天下不下雨，庄稼生不生虫这些事就与我无关了。无论收成好坏，我都能拿到租金。"

邻居看着李玉家低矮的土坯房、荒芜的园子，终于明白为什么他的日子会过成这样了。

做一件事前，最应该考虑的是如何做好它。如果你总是去想做不好会怎样,去做的话会遇到哪些困难,那么在做事的过程中你一定会束手束脚,最终无法成事。

只有抛开杂念,少些顾虑,多一些勇气,才能成就美好的人生。

江波出生在一个偏远落后的贫苦山区,家里生活条件非常艰苦。为了缓解父母的压力,他只读到小学六年级就辍学回家务农了,这对品学兼优的他来说是一个不小的打击。但是残酷的生活现实并没有压弯他的脊梁,反而激起了他心中的傲气,他在心里暗暗发誓,一定要活出个样子来。

村里的老电工因为一次错误操作,被电伤了,村里便没有会电工的人了。老电工准备去县里的儿子家养老,在走之前他想教一个村里人学会电工技术。很多人得知了这个消息,但是看到老电工被电伤的样子,大家心里都产生了畏惧。但江波没有害怕,他态度坚定地去找老电工,恳请能够跟他学习电工技术。

老电工问他:"看到我现在这个样子,你不害怕吗?"江波说:"害怕。但我会努力学习技术,争取把发生意外的可能性降到最低。"

老电工被江波的坚定所打动,答应收江波为徒。江波住进了老电工家里,一边照顾老电工的生活起居,一边认真地学习电工技术。一年后,老电工认为他可以出师了,叮嘱了他一番后,便离开了村子。

江波一个人挑起了给全村人装灯架线的担子,在空余时间,

Chapter 6
勇气：只要无所畏惧，你就无人可挡

他还为邻村做了不少电工活。大家都对他的技术赞叹有加。

后来，江波从亲朋好友那里借钱买了一台打米机，开起了村里的第一个稻米加工坊。不仅本村的人来他这里打米，邻近村子的村民也都舍弃了较远的镇上打米厂，到他这里打米。他的生意一天比一天好，再也不用为孩子上学的事情发愁了。当初劝他不要冒险，以免赔钱的人，如今都为自己当初浅显的想法后悔不已。

几年过去了，开打米坊的人越来越多，江波的生意比以前差了一些，他毅然把打米坊转让了出去。很多人不解，做得好好的，为什么不做了呢？原来江波又找到了新的路子——现在大家生活都比较富裕了，很多人都购买了摩托车、农用车。随之而来的问题是，车子一旦出现故障，就要运到很远的地方去维修，或是找人上门修理，不仅费用高，而且时效性也非常差。江波认为开机动车维修点是个很赚钱的路子，而且他有电工基础，学机械修理不是难事。于是他便去专业的培训学校学习了机动车维修技术。出师后，他回到家乡开起了自己的机动车维修铺。

很多人一开始对他并不信任，觉得他太异想天开，把自己当成超人了，机动车维修是那么容易学的吗？他的生意一度十分惨淡。一时间家里人都埋怨他太冒进了。面对大家的质疑，他没有一点后悔的意思。

一次，邻居家的车请了镇上的师傅修了两次还是不行，他

自告奋勇，免费为邻居修车。就在很多人准备看他的笑话时，他竟然把车修好了！从此，周围的人再也不舍近求远地找人修车了，邻村的人知道他技术好，也来找他。忙起来的时候，找他修车的人甚至都要排队。

　　面对生活给予你的种种难题，只要你能抛开杂念，无所顾忌地一往直前，用勇气去成就人生，你就能在生活的淬炼中创造幸福。

Chapter 6
勇气：只要无所畏惧，你就无人可挡

在挫折中奔跑，在苦难中重生

在挫折和苦难面前，勇敢让人成为冬日绽放的蜡梅，懦弱让人成为离枝的花瓣。

——题记

人们都希望自己的生活中能够多一些快乐，少一些痛苦；多些顺利，少些挫折，可是人生难免会遇到失落、痛苦和挫折。

没有经历过痛苦和失败的人生不是完整的人生。巴尔扎克说："挫折和不幸，是天才的进身之阶，信徒的洗礼之水，能人的无价之宝，弱者的无底深渊。"要得到欢乐就必须能够承受痛苦和挫折，这是对人的磨炼，也是一个人成长必经的过程。

跌倒了，就爬起来，否则就只能永远趴着；前方有阻碍，就跃过去，否则只能停留在原地，甚至一退再退。人生没有太多的时间可以浪费，抓紧时间去奋斗、去拼搏，不要让挫折与困难拦住你前行的脚步。

蜡梅经住霜雪的洗礼在冬日绽放，芳香四溢、清冷孤傲，丝毫不逊于万木逢春的盛景。在挫折和苦难面前，勇敢让人成为冬日绽放的蜡梅，懦弱让人成为离枝的花瓣。

在勇者面前，挫折和困难就像面前的台阶，勇者要做的是想办法继续前行，而不是停步不前。在弱者面前，挫折与失败就像一道铁锁，让弱者连抬脚的力气都没有。

杰米·安德鲁是一个登山爱好者，他从14岁就开始登山。他和朋友一起征服了不少山峰，但在1999年攀登一座高峰时，他被风雪无情地夺去了四肢。那次，他们躺在用冰镐挖出的深坑里，裹着睡袋和帐篷，满心祈求暴风雪快快过去。但是他们的食物和水逐渐减少，体温也不断下降，好天气却仍然不见踪影。熬到第四天时，他的朋友被风暴夺去了生命。好友的逝去，让他深受打击，但他没有放弃活下去的希望。他在第五天时终于被搜救的直升机发现，得救了。然而，为了保住他的性命，医生不得不把他的四肢全部做了截肢处理。

杰米·安德鲁说，留在医院治疗的那段日子，是他最痛苦的日子，他为朋友的逝去悲伤不已，也为自己的残疾而一度心灰意冷。但是他没有一直消沉下去，在家人和朋友们的鼓励下，他很快走出了这个巨大伤痛所带来的阴影。

他戴上假肢，练习行走、攀爬。他继续用坚强的意志去体验运动人生，并用行动证明，身体的残疾并没有将他打倒，他还是一个有活力、有勇气的人。

Chapter 6
勇气：只要无所畏惧，你就无人可挡

就是靠着心中这股不向命运低头的信念，他多次创造了奇迹——参加残疾人组成的登山队，并成功在非洲乞力马扎罗山登顶；参加了全程26.2英里的马拉松比赛，并坚持跑完全程；参加单、双板滑雪，滑伞和洞穴探险等活动。

杰米·安德鲁从没有为自己选择登山而后悔过，即使他为此永远失去了四肢。他认为在自己前进的路上总会遇到各种危险，为了规避风险就什么也不做，只会让生活变得像一潭死水，而没有比不能活得精彩更危险的事情了。

他在不断克服困难的过程中，重现了生命之光，让人敬佩。

经冬的竹子才有资格去做笛子的原材料，因为严寒让竹子拥有了紧密的质地，从而可以让笛子发出更美妙的声音。越是经历过磨炼的人，他的人生就越能绽放出更加绚丽的色彩。

华罗庚年少时因为家庭贫困，不得不辍学在家，帮助父亲料理家里的小杂货铺。但是他没有因此而放弃学业，而是坚持用闲暇的时间努力学习。

经过五年不懈的努力，只有初中文化的华罗庚靠自学学完了高中和大学低年级的全部数学课程。20岁时，他在学术杂志上发表的论文，引起清华大学熊庆来教授的注意。了解到其自学成材的励志事迹和在数学方面的天分后，熊教授打破常规，让初中毕业的华罗庚进入了清华大学。此后他没有被任何难题所吓倒，最终成为全世界瞩目的数学家，被尊称为中国的"现代数学之父"。

无数人生赢家用事实告诉我们,在挫折中奔跑,在苦难中重生,才能创造最大的人生价值。

成功,是顺境;挫折和苦难,是逆境。

有时,顺境会成为一种麻醉剂,让你沉醉于一时的喜悦而忘记自己的梦想,使你的人生失去方向。

身处逆境,必然会遭受痛苦和折磨,但同时,它会让你在失败的角落里冷静、理智地反观自身,清除思想上的障碍,对生命进行深层的直抵灵魂的思考。

逆境是一种催化剂,激发你的生命活力;逆境是一块砺石,磨炼你的精神和意志。

成功固然可喜,但逆境也必不可少。

不经历风雨,怎能见彩虹?

Chapter 6
勇气：只要无所畏惧，你就无人可挡

缺少勇气，拿什么一往无前

> 毛毛虫无惧风险破茧而出，才能羽化成美丽的蝴蝶，在百花丛中翩翩起舞。农民无惧天灾人害，每年按时播种，才能迎来秋天的硕果累累。每一个人都要承受生命之重，才能谱写出人生的华章。
>
> ——题记

有位哲人说，人生最精彩的章节，并不是你在哪一天拥有了多少金钱，也不是你在哪一刻获得了什么样的荣誉，而是你在某个关键的瞬间，咬紧牙关战胜了自我。

"一个人的思想决定一个人的命运"。不敢向高难度的工作挑战，是给自己的潜能画地为牢，最终使自己无限的潜能滞固。如果你想摆脱平庸的工作状态，拥有精彩卓越的人生，就应当摆脱心灵的恐惧，不断地挑战自我，打破自我限制，创造生命的奇迹。

毛毛虫无惧风险破茧而出，才能羽化成美丽的蝴蝶，在百花丛中翩翩起舞。农民无惧天灾人害，每年按时播种，才能迎来秋天的硕果累累。每一个人都要承受生命之重，才能谱写出人生的华章。

生活总是在不停地考验我们，拿出你的勇气，迎接一切挑战，生活会因你的努力而生动多彩。

孙芳在高三上学期结束的时候，为了得到一个正式工作而辍学了。她进了父亲所在的饮料厂，当了一名化验员。她本来学习不错，是很有希望考上大学的，但是她自己心里没有底气，害怕考不上，而且父亲所在的工厂是他们那个县效益最好的厂子，许多毕业的大学生挤破头也想进入这家工厂。她觉得自己有机会进入工厂，就不用再面对高考的压力，而且一样可以获得一份好工作，是个不可错失的机会。

化验的工作其实很轻松，她每天有大量的闲暇时间。她闲极无聊，就将这些时间全部用在"八卦"上，却从不想着去提升自己的工作能力。厂里的技术员是个很有远见的人，总是劝她不要放下书本，有机会可以念个电大或自考，这样以后的选择也会更多，路子更宽一些。工厂的效益能好几年谁也说不准，尤其是他们这种县里承办的厂子，无论是规模还是实力都比不上那些大型的企业。

但是孙芳一点儿也听不进去，最重要的是，她感觉好不容易可以不用考试了，干吗还要自找苦吃？万一学了还考不下证

Chapter 6
勇气：只要无所畏惧，你就无人可挡

来，那不是更丢人吗？即使考下证来，在如今连高学历的人找工作都困难的情况下，她的电大证或自考证又能有什么用呢？

技术员劝了几次，看孙芳的确没有什么上进心，也就不再劝她了。厂里职高毕业负责洗瓶的赵杰，却把技术员的话听进了心里。她的工作比孙芳忙多了，每天有洗不完的瓶子，但她还是报了电大学习行政管理。她每天在下班以后挤出时间学习；平时一有时间，她就向技术员请教不会的问题，技术员也总是耐心地教她。

两年过去了，赵杰终于拿到了电大的大专毕业证。孙芳听到这个消息，感到非常吃惊，她一个高中马上毕业的人，都没胆量去读电大，职高毕业的人竟然把大专证考下来了。她在心里安慰自己，有证又能怎么样，还不是一样刷瓶子。

然而，令孙芳没想到的是，拿下了大专文凭的赵杰竟然报考了当地的公务员考试，并以优异的成绩从众考生中脱颖而出，从一个洗瓶工，一跃成了一个人人羡慕的公务员。当赵杰即将走上新岗位的时候，孙芳有些后悔没有努力学习考大专了。技术员对她说，现在努力，也一样来得及，孙芳却认为来不及了。她认为自己离开学校的时间太长，好多知识都忘了，而且她也到了适婚年龄，应该多去约会相亲。在赵杰拿到县交通局的岗位通知书时，孙芳正挎着恋人的手臂走进电影院的大门。

三年后，厂子因效益不好而停产，技术员凭着学历和技术很快找到一份新的工作。而孙芳只能和平日里要好的同事一

起到砖厂做苦工,因为没有一家企业愿意用一个高中都没正式毕业的化验员。

当累得不得不停下歇一口气的时候,孙芳不止一次地后悔道:"为什么当年只想到眼前的安逸,却没有勇气去拼一拼?"

落到如今这个地步,孙芳能怨的也只有自己不求上进,没有勇气面对任何困难和风险。

美国著名钢铁大王安德鲁·卡内基在描述他心目中的优秀员工时说:"我们所急需的人才,不是那些有着多么高贵的血统或者多么高学历的人,而是那些有着钢铁般的坚定意志,勇于向工作中的'不可能'挑战的人。"

拿破仑在"三皇会战"中,以远远少于俄奥联军的兵力大获全胜,靠的是什么?就是勇气。有勇气的人才能一往无前,创造生命的奇迹。

Chapter

乐观：生活总会厚待你

人要学会用乐观的心态去面对生活。乐观是失意后的坦然，乐观是平淡中的自信，乐观是挫折后的不屈，乐观是艰难困苦中的从容。谁拥有乐观，谁就拥有了战胜一切困难的底气。

自己足够强大,便没有什么可怕的

> 其实,这世上根本没什么事情是可怕的,一切都源于你的内心。心无畏,便无惧。
>
> ——题记

电影《少年派的奇幻漂流》里说:"恐惧是生活唯一真正的对手,因为只有恐惧才能打败生活。"生活中有很多人会因为各种理由感到恐惧,比如,时间太紧张,竞争对手太厉害,领导太苛刻,世界很残酷等。其实,这些都不是打败我们的理由,真正击倒我们的,是内心的恐惧。

从前,一个村庄里有一个鼓手,由于生活拮据,他决定带着儿子到一个繁华集市上通过表演打鼓来赚钱。他为了这次表演,专门创作了一支两面鼓合奏的曲子。

父亲和儿子来到集市上后,挑选了一个人流集中的地方,开始了表演。他们的鼓声时而荡气回肠,时而婉转低回,人

Chapter 7
乐观：生活总会厚待你

群中不时爆发出阵阵掌声。这次表演非常成功，他们赚得了不少钱。

他们回家的路上要经过一片黑暗的树林，那里经常有强盗出没。儿子为了保护自己和父亲不受强盗惊扰，就拼命地敲鼓，他认为敲得越响，强盗就会越害怕。但他的父亲告诉他："皇家队伍经过此地敲鼓时，一般是猛敲一阵，停一阵，然后再敲一阵，再停一阵……这样显得威严。你也应该急缓相间地敲，那样强盗会以为经过这里的是身份贵重的大官。"但是，儿子没有照父亲说的去做，他固执地认为敲得越响、越急，就越能够吓到强盗。

这时刚好有一群强盗途经此地，他们听到了这个男孩的鼓声，刚开始时以为是一位大官，必定带着大量的人马仆从，所以不敢轻举妄动。但后来听到鼓声敲得那么急，而且从不停歇，他们就知道敲鼓人其实心里很害怕，因为他的鼓声就像一只手足无措的小狗在对着一只高大勇猛的大狗狂吠。强盗们壮着胆子出来窥探，发现只有两个人，于是就从树林里蹿出来，把父子两人痛打一顿，把他们从集市上赚来的钱一抢而空，然后扬长而去。

有一位哲学家写道："恐惧是意志的地牢，它跑进里面，躲藏起来，企图在里面隐居。恐惧带来迷信，而迷信是一把短剑，伪善者用它来刺杀灵魂。"一个人要想成功，必须要克服恐惧，因为只要有恐惧心理，做任何事都不会成功。

其实恐惧只是一种幻觉，人们在紧张的时候经常会不由自主地编造未来可能会发生的恐惧事件，然后不断回想，直到自己几乎信以为真，开始害怕起来为止。人们对于恐惧的妄想，大多源于过去曾经经历的痛苦和对于未知的担忧。因此，我们要改变心态，尽量淡忘过去的痛苦回忆，认真地活在当下，选择去想象一些关于未来美好的故事。

我们在做事情之前，时常会有恐惧感，其实一旦真的开始做了，反而不会感觉恐惧。而且，如果事情做成功了，还可以帮自己树立信心。当我们勇于改变，积极行动时，会发现内心已经没有了恐惧感，即使外界环境发生了变化，我们也能够快速适应，并做出相应调整。人生难免会失败，与其害怕失败，畏缩不前，还不如勇敢行动。

我们平时可以参加一些危险情境的模拟训练，调整我们遇到各种危险情况时的恐惧心态，学习我们遇到各种危险情况时的处理方法，这样能够有效地帮助我们缓解恐惧的情绪，提高心理适应性，增强信心和勇气，增加应对突发事情的能力。

恐惧是失败之源，因此我们在面对恐惧时不要逃避，不要畏惧，而是要迎头痛击它。其实，这世上根本没什么事情是可怕的，一切都源于你的内心。心无畏，便无惧。让我们无所畏惧，勇往直前，大胆地向前冲吧！

Chapter 7
乐观：生活总会厚待你

生命拥有些缝隙，阳光才能照进来

乌云上方总是蔚蓝的晴空，阴霾背后定是明媚的阳光，温暖定能驱走严寒，光明定能驱散黑暗，留一缕阳光在心中，世界会变得明亮。那时，我们会发现，生活很美好。

——题记

每个人都希望自己的人生之路一马平川，周围鸟语花香，阳光灿烂。然而，现实和理想总是差距很大，没有谁的人生之路是平坦无碍的，乌云密布电闪雷鸣都是常事……但只要心存阳光，晴空终会来临。

从前，有一群青蛙组织了一场运动会，其中一项是攀爬比赛。攀爬比赛的终点是一个极高的铁塔的塔顶，参赛的青蛙需从塔底开始爬起，直到塔的顶端。

比赛开始了，一大群青蛙围在铁塔的前面观看比赛。其实，它们都不相信有谁能完成这项比赛。一只观赛的青蛙说："这个比赛太难了！它们怎么可能到得了塔顶！"另外一只青蛙附和道："是啊，这个塔太高了，它们绝不可能爬到塔顶的！"众蛙议论纷纷。

参加比赛的青蛙们听到这些话，大多都开始泄气，只有几只青蛙还在坚持往上爬。观看的青蛙们继续议论着："这实在是太难了！任何一只青蛙都不可能爬上塔顶的！" 这时，越来越多的青蛙体力不支，中止了比赛。最后只有一只青蛙还精神饱满地继续爬着，它越爬越高，一点都没有要退出比赛的意思。在所有青蛙惊奇的目光的注视下，它艰难地一步一步地爬到了塔顶，成了唯一到达塔顶的胜利者。

当它从塔顶下来后，蛙群立刻围拢过去祝贺它。有一只青蛙问道："你是哪里来的那么大的力气爬到塔顶的？"这时，大家才发现原来这只青蛙是个聋子。

其他失败的青蛙，听信了那些围观蛙消极的话，从而打碎了内心美好的梦想。而那只成功的青蛙，丝毫没有受到它们的影响，始终保持积极、乐观的心态，平静地进行着比赛，一步一步地向上爬，所以获得了胜利。

这个故事说明了心态的重要性。生活中不如意之事十有八九，与其怨天尤人，整日闷闷不乐，不如放平心态，微笑面对，让心中的阳光照亮前行的路。

每个生活在这个世上的人，都不会是一帆风顺的，都会遇

Chapter 7
乐观：生活总会厚待你

到不称心的人、不如意的事，可能还有数不尽的困难和挫折。这些其实是我们每个人都会经历的必然事件，有些是可以避免的，有些却是完全无法回避的。如果我们能够抱着一种积极、乐观的态度去生活，那么当我们遭遇困难和挫折时，就不会无谓地焦虑和慌乱，只会勇敢地面对，积极地解决。

生活就像一面镜子，它笑，是因为我们对着它笑；它哭，是因为我们对着它哭。如果你的心中充满阳光，生活就会是快乐的；如果你的心中充满抑郁，那生活就是黯然的。

不要消极地生活，这样不仅会浪费精力、消磨意志、耽误人生，还会给周围的人带来消极影响。我们要时刻以阳光的心态面对生活和工作，让身心健康愉快，让生活幸福美满，让人生焕发光彩，同时也给周围的人传递正能量，为他们带来快乐和勇气。

我们的人生永远不会是完美无缺的，会在成长过程中遭遇各种磨难和困境，从而使得人生变得千疮百孔，风雨飘摇，但别忘了，漏风、漏雨的同时还会漏进阳光。乌云上方是蔚蓝的晴空，阴霾背后是明媚的阳光，温暖一定能驱走严寒，光明一定能驱散黑暗，生命拥有一些缝隙，阳光才能照进来。

03

心中有光,就不会惧怕黑暗

> 冬天已经到来,春天还会远吗?无论黑夜多么漫长,黎明始终会如期而至;无论风雪多么暴虐,春风终会吹绿大地。
>
> ——题记

大地总会因树叶的遮挡而出现斑驳,同样,人生的道路上也并非总是洒满阳光、充满诗意,我们常常会遇上荆棘丛生的小路或深不可测的沼泽。但无论生活多么艰难,只要我们心中有阳光,就能照亮前行的路。

越王勾践面对亡国的耻辱,卧薪尝胆,忍辱负重,凭着坚强意志和坚持不懈的精神最终完成复仇大业;司马迁被谄媚奸佞邪恶之徒所害,被施以宫刑,但他凭着顽强的意志完成了旷世大作《史记》;才华横溢的音乐巨匠贝多芬面对双耳失聪的人生厄运,没有气馁,而是扼住了命运的咽喉,演奏出了《命运》

Chapter 7
乐观：生活总会厚待你

绝响，成为流芳千古的音乐家；海涅面对全身几乎瘫痪和视力微弱的人生绝境，不但没有自暴自弃，反而坚定信念，笔耕不辍，写出了誉满天下的文学巨著和不朽诗篇……他们面对挫折自强不息，用阳光的心态将生命的磨难转化为鼓舞自己成功的动力。

有一个年轻人，从小就有一个梦想——成为一名优秀的赛车手。他在军队服役时开过卡车，驾驶技术非常娴熟。退役后，他找了一份开卡车的工作。在闲暇时间，他参加了一支业余赛车队的技能训练。平时只要有车赛，他都会想尽办法去参加，但他从来没有得到好的名次。

终于有一年，他参加了威斯康星州的赛车比赛。当赛程进行到一半多的时候，他位列第三，从当时的情况来看，这次比赛他很有可能获得好的名次。但是，突然间，他前面的两辆赛车撞在了一起，他看到后快速转动方向盘，试图避开它们，但因车速太快，避之不及，他撞到了车道旁的墙壁上，赛车顿时就燃烧了起来。当他被救出来的时候，手被烧伤，鼻子被烧掉，身体烧伤面积达40%。他被送到医院后，医生连续给他做了7个小时的手术，这才将他从鬼门关拉了回来。

虽然命保住了，但他的手极度萎缩，医生告诉他以后再也不能开车了。这对他来说是一个巨大的打击。周围的人都觉得他可能会因此一蹶不振，但他并没有因此而自暴自弃，而是坚定信念，无论如何都要完成自己的梦想。于是，他开始进行一系列植皮手术。为了使手指灵活，他每天不停地练习用手指残余的部分去抓木条。有时疼得全身冒汗，但他仍然不放弃，继续坚持，因为他相信只要努力，最后肯定能成功。在做完最后一次手术后，他回到了原来的工作岗位，只是由开卡车转为开推土机，因为开推土机能使他的手掌快速地重新磨出老茧，这样他就可以继续练习赛车了。

令人意想不到的是，仅仅过了9个月，他又能熟练地驾驶赛车了，并准备重新返回赛场。他先参加了一场公益性赛车比赛，他的车在比赛中途熄了火，所以没有获得名次。接着，他又参加了一次全程200英里的汽车比赛，取得了第二名的好成绩。两个月后的第三次比赛，是在上次发生事故的那个赛场上举行。他信心满满地驾驶赛车进入赛场，经过一番激烈的角逐，最终成了250英里比赛的冠军。

他就是美国伟大的赛车手吉米·哈里波斯。当吉米第一次以冠军的身份面对热情的观众时，他激动得流下了眼泪。记者问他："在遭受那次沉重打击之后，你是怎样重新振作起来的呢？"吉米挥了挥他手中的一张图片，图片上是一辆迎着朝阳飞驰的赛车。他微笑着用笔在图片的背面写了这么一句话：把失败写在背面，我相信自己能成功！

在困难面前不退缩，在失败面前不低头，在绝境面前不灰心；身陷绝境仍能看到希望，身置暗夜仍能看到阳光，在穷途末路时仍能找到出路的人，将来一定会有所建树。

这个世界上没有绝境，只有对处境绝望的人。一个人，多

Chapter 7
乐观：生活总会厚待你

一次失败，就能多一分经验；多一次挫折，就能多一分感悟；多一次绝境，就能多一次机遇。挫折和困难不只是坎坷，还是一次转机和升华。其实，困难和绝境是上天的恩赐，是命运给予我们的礼物。我们的人生，会因遭遇挫折、经受失败、濒临绝境而得到升华。

任何一种挫折、逆境和失败都是让人痛苦的，但如果你能用微笑来面对不幸，用努力来面对打击，用坚强来面对绝境，那么你就能精神抖擞地重新出发，奋勇向前。如果心中有阳光，我们就不会惧怕黑夜，因为阳光会照亮我们前行的路；如果心中有阳光，我们就不会躲避暴风雨的侵袭，因为阳光会为我们撑起梦想的晴空；如果心中有阳光，我们就不会惧怕困难和曲折，因为阳光会赋予我们勇往直前的动力。心中有阳光，我们才能战胜黑暗，从而走出绝境；如果心中没有阳光，我们就会被绝境吞噬。

人不在绝境中重生，就会在绝境中陷落。一旦走出人生绝境，就会迎来灿烂未来。普希金说过："假如生活欺骗了你，不要悲伤，不要心急，忧郁的日子里需要镇静。相信吧，快乐的日子将会来临。""一切都是瞬息，一切都将会过去，而那过去了的，就会成为亲切的怀恋。"冬天已经到来，春天还会远吗？无论黑夜多么漫长，黎明始终会如期而至；无论风雪多么暴虐，春风终会吹绿大地。

04

经得起多大的诋毁，就受得住多大的赞美

> 白云偶尔会遮蔽蓝天，但蓝天永远在白云之上。你能经得起多大的诋毁，就承受得住多大的赞美。当成功来临时，所有的质疑都会成为喝彩，所有的诋毁都会变成赞歌。
>
> ——题记

被人误解了不生气是一种包容，时间会给出最好的回答；被人伤害了不生气，是一种善良，时间会给出最好的证明；被人诋毁了不生气，是一种修养，时间会给出最好的澄清。

不管受了什么委屈都不要急着去辩解，不管受了多少苦都不要忙着去倾诉。要做一个有高度的人，不是你能洞悉多少世事，而是看清了多少世事；要做一个博大的人，不是你认识了多少人，而是包容了多少人。

做人如山，望万物，而容万物。愿吃亏的人最终肯定吃不

Chapter 7
乐观：生活总会厚待你

了亏，吃的亏迟早都会补回来；肯认输的人最终不会输掉自尊，反而能赢得人心；经得起诋毁的人最终会无坚不摧，迎来人们的赞美。

你能经得起多大的诋毁，就承受得住多大的赞美。这里的诋毁指的不是周围人的敌意，而是大多数人的不理解和质疑。

有一个女孩从小练习芭蕾舞，她想考进正规院校进行学习，将跳舞作为终生事业。

她很想知道自己是否有这个天分，于是当一个芭蕾舞团来到她所在的城市时，她跑去求见团长。女孩说："我想成为一名优秀的芭蕾舞演员，但我不知道自己是否有这个天分。"团长说："你跳一段芭蕾舞让我看看。"女孩刚跳到一半，团长就打断了她，摇了摇头说："不，你没有这个天分。"

女孩伤心地离开了，回到家后她把舞鞋扔到箱子底下，从此之后再也没穿过。后来她结婚生子，当了一个超市的服务员。多年后，她又遇到了那位芭蕾舞团团长。想起当年的对话，她问道："团长，有一点我一直不明白，您当时为什么那么快就知道我没有当芭蕾舞演员的天分呢？"团长说："哦，你跳舞的时候我其实并没怎么看，我只是对你说了我对其他所有人都会说的话。"她愤怒地吼道："您的这句话毁掉了我的人生，我原本可以成为一名舞蹈家的！"团长说："我不这么认为，如果你真的渴望成为一名舞蹈家，你是不会在意我说的话的。"

面对他人的质疑，弱者会将它看成阻碍，碰了壁就放弃，但一个坚强、自信的人，总能在质疑中坚持自我，走向成功。

有一个男孩出生在美国新泽西州的一个贫穷家庭。从小，男孩就非常腼腆、孤僻，学习成绩也不好，同龄的孩子都不喜欢和他玩。他的同学、邻居们都嘲笑他是个笨蛋，觉得他这辈子注定一事无成。

他自己也很委屈，为了转变周围的人对自己的看法，他也曾经努力学习，可是没有什么效果，成绩丝毫不见起色，每次考试都是最后一名。但他没有放弃，每天埋头苦读。

有一段时间，早晨醒来他都不想去学校，因为他害怕被同学嘲笑。周末，他在家门前，看着一群嬉戏打闹的男孩，觉得自己的未来一片黑暗。慢慢地，在周围人的质疑、嘲笑和诋毁声中他变得越来越孤僻。

一次偶然的机会，他接触到魔术，突然觉得魔术充满魅力，便开始埋头钻研魔术。渐渐地，他能熟练地给别人表演简单的魔术，赢得了大家的称赞，与同学们的关系也越来越融洽。他慢慢地对自己有了信心。

于是，他决定为自己的梦想奋斗。谁都没有想到，短短两年之后，他就成了大名鼎鼎的魔术师，甚至有一天，他的魔术震惊了世界。他的名字就是大卫·科波菲尔。

质疑是一个人成败的试金石。那些成功耀眼的人，同样会遭受质疑。有些人面对质疑时，理智思考，及时转换方向，从而取得了巨大成就；有些人面对质疑时，相信自己，不轻言

Chapter 7
乐观：生活总会厚待你

放弃，坚持努力，最终在行业中崭露头角，大放异彩；还有些人在面对质疑时，缺乏自信，放弃了，最后只能与成功擦肩而过。

我们每个人都可能会被别人质疑、否定，但这并不代表我们所做的事就是错的，要知道，乌云偶尔会遮蔽太阳，但总有一天阳光能穿破云层。当成功来临时，所有的质疑都会成为喝彩，所有的诋毁都会变成赞歌。

你若不敢输，
就没机会赢

05

只要奋斗不止，就算是绝境也会给你一线生机

> 人生的路很漫长，而且风云变幻，我们要学会在阳光中欢笑、在阴云中勇敢、在狂风中坚强、在暴雨中紧抓梦想，努力拼搏、自强不息，从而走出一条属于自己的人生之路。
>
> ——题记

我们谁也不想做一个失败者，所以面对困难时不要逃避，即使陷入绝境，也要心怀希望，自强不息。

约翰·艾顿出生在一个偏远小镇，父母很早就去世了，是姐姐靠帮别人洗衣服赚钱将他抚养长大的。姐姐结婚后，姐夫将他赶出了家门，无奈之下，他只好到舅舅家讨生活。但是他的舅妈待他更是苛刻，每天只允许他吃一顿饭，还要求他修剪草坪、清理马厩。后来，他连学也上不起了，被逼无奈，只能出门工作。他刚工作时只能当个学徒工，工资非常少，根本租

Chapter 7
乐观：生活总会厚待你

不起房子，晚上只能在郊外的一个废弃仓库里睡觉。

但后来，他竟然成了一名享誉世界的成功的汽车商人！

一个好朋友听说了这些往事以后，惊讶地对他说道："原来你也经历过这种苦难，但以前怎么从来没有听你说起过？你是怎样走出那种绝境的？"

约翰·艾顿笑道："有什么好说的呢？正在受苦或者正在摆脱苦难的人是没有权利向别人诉苦的。"

朋友非常不解地看着他。这位曾经在生活中经历了绝望的汽车商人又说："要想将生活中经历的苦难变成财富是有前提条件的，那就是战胜苦难。只有战胜了苦难，它才是你值得骄傲的一笔人生财富。要想获得别人的尊重，就要奋斗不止。"

这是前人的经历，也是生活中随处可见的事情。

李彬彬出生于河南省鲁山县的一个农民家庭。虽然家庭不富裕，但由于父母的勤劳和节俭，他们一家的日子也过得红红火火。但9岁时，不幸降临到了他的头上。一天，他在上学的路上不小心碰到了带电的高压电线杆的斜拉线，顿时被电击得一下子坐在了地上，全身都失去了知觉。

他被送到医院后，医生剪开衣服，发现他的两条胳膊已经被电烤黑了，连忙为他做了紧急抢救手术。

手术结束后，他在医院接受康复治疗。那段时间由于手术部位反复感染，他又先后进行了3次手术，但仍然没有保住双臂。为了预防伤口再次发生感染，李彬彬几乎每天都要不停地输液,有的时候一天甚至要输24瓶液!很多时候上次的针眼还没长好就又要扎针。

身体上的伤痛还可以恢复,心里的伤痛却是他始终无法承受的。李彬彬一想起过去和伙伴们一起玩耍的快乐时光,眼泪就止不住地往下流。那时的李彬彬对生活感到绝望。但经过一段痛苦的挣扎后,坚强的他终于决定接受事实,勇敢地活了下来。

要想正常生活下去,首先要做到生活自理,于是他开始学着用脚吃饭。可是,要用不灵敏的脚控制勺子和筷子吃饭,谈何容易?刚开始时,妈妈帮着李彬彬活动腰腿,将他的腿放在桌子上,向下按压他的身体。过了一段时间,待李彬彬适应了桌子的高度后,妈妈又把他的腿往墙上压。李彬彬经常疼得眼泪直流,但他仍咬牙坚持着。这样高强度练习了半个月后,李彬彬终于能用脚趾夹着勺子把饭送到嘴边。

出院后,周围的亲朋好友都建议李彬彬的妈妈送他上残疾人学校,但妈妈仍坚持把他送回原来的学校。入学后,经过努力训练,李彬彬很快学会了用脚翻书、用脚写字,而且速度丝毫不比同学们慢,更让人意想不到的是,他的学习成绩十分优异。

上初中时,因为家离学校比较远,为了节省时间,他开始学骑自行车上下学。不知摔了多少次,他总算学会了依靠胸部力量掌握方向,用鞋蹭轮胎的方法来刹车。

Chapter 7
乐观：生活总会厚待你

高考结束后不久，失去双臂十多年而苦读不辍的他，终于接到了大学录取通知书。9月，他兴奋地进入了梦想中的大学校园。

入学不久，李彬彬便和同学们一起成立了一个心理健康社团——微笑心理健康咨询协会，李彬彬任会长。他每天只要一有时间，就到图书馆或网吧搜寻心理健康方面的资料。"微笑协会"还定期邀请著名心理咨询师到学校讲课，为有心理问题的学生提供帮助。每个星期日，协会的会员们都组织大家去敬老院、福利院等机构为老人和孩子们献爱心，还以自身的经历，引导那些遭遇挫折、陷入绝境的人勇敢面对困难，笑对人生。

有些人自甘堕落、自暴自弃，他们的天空永远都笼罩在阴霾中。而有些人自强不息、乐观积极，他们总能在绝境中找到希望。古人说，长风破浪会有时，直挂云帆济沧海。在人生的道路上行走，就像在浩瀚的大海中航行，有风平浪静就有惊涛骇浪。但只要有灯塔，即使光线微弱，也能刺破黑暗，带领我们继续航行。人生的路很漫长，而且经常风云变幻，我们要学会在阳光中欢笑、在阴云中勇敢、在狂风中坚强、在暴雨中紧抓梦想，努力拼搏、自强不息，从而走出一条属于自己的人生之路。

06

直面失败，它并没有那么可怕

> 挫折和失败其实是检验我们是否坚强的一面镜子，它是我们走向成熟和成功的催化剂，是磨炼我们坚强意志的砺石。
>
> ——题记

人在一生中难免会遭遇挫折和失败，但人们对待挫折和失败的态度是不一样的。有的人会整天不思饮食、长吁短叹、自暴自弃，最终颓唐、沉沦，一蹶不振；有的人会怨天尤人，把失败的原因归结为命运不济；也有一部分人会坦然地接受失败，冷静、理智地思考失败的原因，然后化失败为动力，继续追求自己的梦想。

桑兰是一名体操运动员，1993年进入国家体操队，1997年取得全国跳马冠军，被誉为中国的"跳马王"。但在1998年第四届美国友好运动会上，进行赛前跳马训练时，桑兰突发意外，颈椎骨折，中枢神经严重损伤，胸部以下高位截瘫。那个活泼开朗、身姿灵活的姑娘瘫痪了，从此只能坐在轮椅上活动，辉煌的职业生涯也随之结束。这样的事实残酷到让人无法接受。

她苏醒过来以后，第一时间想到的却是：什么时候能恢复训练。在场的所有人无不为之动容。在经多方治疗都没有找到能重新恢复健康的方法后，桑兰开始用平和的心态看待自己的人生变故。从重新面对公众的那一刻起，她脸上就一直带着微笑。她的微笑，征服了美国，征服了中国，征服了全世界……十个月后，桑兰的伤情基本稳定，终于回到了自己魂牵梦萦的祖国。

之后，她开始了漫长而艰苦的康复治疗。她每天都要练习对于健全人来说很简单的一些动作，比如刷牙洗脸，每一次都把她累得大汗淋漓。

但无论多难，桑兰都挺了下来。慢慢地，她的肌肉力量开始逐渐恢复，能够自己将轮椅摇出很远；她的生活自理能力也逐渐提高，可以自己穿脱衣服和鞋，自己吃饭、洗澡……

面对人生挫折，桑兰坦然接受了事实，用自己的方式继续坚持自己的梦想。经过努力学习，2002 年她考入北京大学新闻系，攻读学士学位。2007 年 7 月，从学校毕业后，桑兰继续从事与体育有关的新闻报道工作。2008 年她成为北京奥运官方网站特约记者，后又加盟了星空卫视，成为《桑兰 2008》节目的主持人。

此外,她还投身公益事业。在病情逐渐好转后,桑兰将社会各界捐赠给她的昂贵的康复器械和生活用品,全部转赠给其他更困难的残疾人士。她以残疾之躯奔波于祖国各地,为残疾人权益而奔走。她在上海点燃中国第五届残疾人运动会的火炬;她在深圳与好莱坞著名演员施瓦辛格一起为智残儿童募捐……她的坚强和奋发图强感染和激励着人们,迷茫的年轻人曾到医院看望她,在监狱服刑的犯人也曾给她写信……她都给予热情的回应。

桑兰是个阳光的女孩,她用自己的坚强,展开了美丽的人生画卷。她的人生遭到了重大挫折,但她又重新站了起来。与她相比,我们平时碰到的挫折和失败又算得了什么呢?

挫折和失败其实是检验我们是否坚强的一面镜子,它是我们走向成熟和成功的催化剂,是磨炼我们坚强意志的砺石。

在世人眼中,陈欧是一个幸运儿,创业仅四年,他的公司就在纽交所成功上市。年纪轻轻的他一夜之间成了亿万富豪。绝大多数人都是通过"我是陈欧,我为自己代言"这样一句话认识他的。陈欧,是"为自己代言"的聚美优品CEO,是商业界的神话。人们都知道他取得了巨大的成功,但对他在通往成功的路上经历了什么又知道多少呢?

大四那年,他仅用一台笔记本电脑,就开发出了一款在线游戏平台,并很快吸引了众多游戏玩家。在游戏平台正发展得如火如荼时,他发现自己似乎还有上升的空间,于是卖掉了公

Chapter 7
乐观：生活总会厚待你

司，去美国斯坦福大学读 MBA。

从斯坦福大学毕业后，陈欧又成立了一家游戏公司，主要是在社交游戏中内置广告。这个模式在国外很火爆，但引进后不久他就发现这在中国行不通，业务量一直不见起色，公司濒临倒闭。当时的陈欧备受打击，感觉很无助，每天都很焦虑。几个月之后，他的核心团队几乎全部流失。这一次，他尝到了失败的滋味。

陈欧认为，失败并不可怕，重要的是要从失败中寻找原因，从失败中学习，还要从失败中寻找商机。他从这件事中认识到，完全照搬国外的模式是行不通的，于是他开始尝试转型，调研国内化妆品市场。

2013 年 3 月，陈欧、戴雨森联合创立聚美优品，以团购模式切换到化妆品电商行业，并一举获得了巨大成功。但不久他们就遭遇了"301"滑铁卢——在聚美优品三周年大促时，网站崩盘，而且严重爆仓，商品堆积成山，发不出去，几十万客户十几天甚至几十天收不到货，客服电话被打爆，陈欧被众人谩骂，公司面临严重的信任危机，品牌形象受到极大损害。

此时，他只能硬着头皮、顶住压力，努力尝试，最后与团队一起解决了这次危机，挽回了品牌形象。

在这次事件之后，他积极寻找问题根源——网站崩盘的原因是技术的系统架构和代码质量存在问题，出现爆仓的原因是发单能力落后于预期——并积极解决这些问题，直到公司各方面都成熟起来。

在聚美优品的广告中，陈欧为自己代言，他那一番励志的话语激励了很多正在创业的年轻人。他说："哪怕遍体鳞伤，也要活得漂亮。"

有人说过："失败绝不会是致命的，除非你认输。"当失败出现时，如果你一蹶不振，止步不前，无疑是无勇无智的懦夫；如果你在失败后不总结教训，不寻找失败的原因，也不自省，只凭一时的激情向前猛冲，那么或是被撞得头破血流，无功而返，或是侥幸成功，但这种没有根基的成功只能是昙花一现。在遭受失败后，能够调整自我、正视错误、理智分析、追根溯源，打好坚实基础，再次寻找时机，勇敢地重新开始，这才是人生该有的样子。

Chapter 7
乐观：生活总会厚待你

那些沉淀下来的孤独，是走向梦想的光

如果梦想是一篇令人热血沸腾的乐章，那么孤独就是那起伏的旋律；如果梦想是一座连绵不绝的高山，那么孤独就是那绵延起伏的峰谷！如果没有孤独来浇灌，那梦想之花怎能灿烂地开放呢？

——题记

每个人都会有自己的梦想，但并不是每个人都会为实现梦想而坚持到底。因为有很多梦想一开始就不被众人理解，众人会用异样的目光来看待拥有梦想的人，这些人可能会因为受不了他人质疑的眼光而放弃自己的梦想，从而过着与平凡人无异的所谓安逸的生活。

如果你拥有梦想，那就代表你要走一条与众不同的路，意味着你会是周围人眼中的异类。而且，在追求梦想的道路上你是孤独的一个人在奋斗，没有人会帮你，甚至你还会遭受他人的冷眼、嘲笑和讽刺。他们不能理解你的梦想，会认为你是痴人说梦，更有甚者会在一旁等着看你出丑。拥有梦想的你，注定是孤独的。受伤流泪时，只能自己擦干；遇到挫折时，只能自己给自己鼓劲；遭受痛苦时，只能自己默默承受。

在追梦的道路上，你会看到有很多人在陆续退出，但你是一个勇敢的人，你怎能轻易退缩？记住，不管你遭受了多大的困难，不管你当时有多么绝望，即使全世界都抛弃了你，至少你还有梦想。你没有时间哭泣，没有时间哀叹，更没有时间去思考放弃，你必须赶快追求自己那伟大而不被他人所理解的梦想。即使历经千山万水、万千磨难，只要有梦想与你共进退，你也能笑着向前走去。

亚拉·阿扎德，是广州亚运会上伊拉克国家羽毛球队唯一的选手，他用自己对体育的执着告诉全世界：孤独是走向梦想的光。

在2010年广州的亚运会赛场上，遍布着来自多个国家的各种肤色的选手，熙熙攘攘的人群中喝彩声和呐喊声此起彼伏，唯有他孤身一人，寂然无声。他是一个孤独的征战者。

阿扎德出生在伊朗的一个普通家庭，他的父母都是羽毛球爱好者。耳濡目染下，阿扎德从小就喜欢上了这项源自英国却在亚洲大放异彩的运动。"我很爱羽毛球，它就像我的爱人。但在伊朗，打羽毛球却是非常困难的一件事情。因为以我的实力，想参加亚运会或者奥运会，几乎是不可能的。"

Chapter 7
乐观：生活总会厚待你

14岁那年，一个偶然的契机帮阿扎德打开了梦想之门。在伊拉克，羽毛球并不流行。"参加一场比赛时我遇到了一个伊拉克奥委会的朋友，他问我是否愿意代表伊拉克打羽毛球……虽然伊拉克局势长年动荡，经常有战争发生，但出于对羽毛球的强烈热爱和父母的期许，我最终答应了这个邀请。"

"虽然伊拉克长年有战争，但我只想好好打羽毛球。我知道这并不是一件容易的事，"阿扎德坚定地说道，"但任何人都有梦想，即使那个梦想看起来难以实现，我也要为它奋力一搏。否则，梦想永远都只能是梦想。"他希望有一天能像中国选手林丹一样站在奥运冠军领奖台上。他说："为了这个目标，我已无怨无悔地奋斗了10年，而且将继续奋斗下去。"

2010年的广州亚运会是阿扎德参加过的最大赛事，虽然在这个梦寐以求的赛场上，他上场仅26分钟比赛就结束了，但这场比赛仍然让人称赞。阿扎德当时的世界排名是第228位，和世界排名第17位的中国香港男单种子选手胡赟相去甚远，但他一度把比分追至17∶18，这让所有观众包括胡赟都感到惊讶和意外。而且，为了节约经费，第一批抵达的伊拉克运动员中没有阿扎德，他在赛前没有适应场地。阿扎德说："伊拉克羽毛球队的确只有我一个选手，但这并不重要，只要我喜欢羽毛球。"

为了梦想，阿扎德不怕孤独，不怕困难，执着前行。阿扎德的羽毛球之路充满了艰苦和孤独，但同时也充满了拼搏和坚持。阿扎德告诉媒体:"这是我追逐梦想必经的道路,这点儿孤独根本不算什么。我当然也希望和其他幸运的人一样,事业顺风顺水,但现实如此,我不想抱怨,也觉得没有必要和其他人去比较。我只想做好自己的事情,一个人继续拼搏下去。"

阿扎德因爱好而努力奋斗,因梦想而奋力拼搏。他虽然止步于广州亚运会羽毛球男单16强,但赢得了人们赞许的掌声。

为了追求梦想,阿扎德不在乎一切困难。在梦想面前,孤独和失败,都不足为惧。

当其他人因不能获得自己想要的东西而抱怨命运的不公时,当被命运折断飞翔的翅膀时,刘伟没有自暴自弃,而是毅然用琴键弹奏出了优美的"享受孤独"四个大字。那跳跃的音符,就是他努力飞翔的轨迹!

10岁那年,虽然因一场触电意外失去了双臂,可刘伟没有忘记自己的梦想。在追求梦想的道路上,他默默地在孤独中努力前行——12岁开始学习游泳,14岁获得全国残疾人运动会游泳亚军;19岁开始自学钢琴,只花费了一年时间就弹奏出了难度很高的钢琴曲《梦中的婚礼》;22岁,成功挑战吉尼斯世界纪录,用脚一分钟打出251个英文字母,成为世界上用脚打字最快的人……2011年,他一身白色西装帅气地出现在奥地利首都维也纳金色大厅,演奏了《梁山伯与祝英台》,他的表演让全世界为之喝彩!

在追求梦想的道路上,他独自忍受孤独,披荆斩棘,勇敢

Chapter 7
乐观：生活总会厚待你

前行，他就是"钢琴王子"——刘伟。他用自己的实际行动谱写了一曲不朽的梦想赞歌！

如果梦想是一列疾驰而去的火车，那么孤独就是铁轨，刘伟挑战孤独，超越自我，最终吹响了梦想的号角。

如果梦想是一篇令人热血沸腾的乐章，那么孤独就是那起伏的旋律；如果梦想是一座连绵不绝的高山，那么孤独就是那绵延起伏的峰谷！如果没有孤独来浇灌，那梦想之花怎能灿烂地开放呢？

08

没有什么来不及，时光因你而美好

过去的已经过去，该来的还没有来，能紧紧握在手心里的只有现在。每个人最大的财富除了健康就是时间，所以我们要认真地过好每一天，把握好每一个当下。朝着自己的梦想奔去，即使有伤心，有失败，至少我们曾经努力过。

——题记

有人说，人生是一场修行；也有人说，人生是一段旅程。而我却觉得，人生是一场追求，也是一场领悟。梦想是绳，升起雪白的船帆；梦想是帆，带着船向前；梦想是船，激荡着希望之海；梦想是海，托起明日的太阳；梦想是太阳，洒下希望的光芒……梦想能够让我们的生命焕发光彩。

生活中，经常有人说自己的梦想是去西藏。去西藏很难吗？坐上两天火车或搭乘一趟航班，就能站在布达拉宫的广场上。

Chapter 7
乐观：生活总会厚待你

可是他们为什么迟迟没有行动？因为在现实与梦想之间，他们有太多的顾虑和借口。

当梦想被引入犹豫、风险、困难、担忧等诸多变量后，一个人对梦想是否有诚意就会显而易见。就像"去西藏"，其实并不难实现，但仍然被许多人搁置了，大家忙着工作、忙着赚钱、忙着家里的柴米油盐，一提起自己的梦想却没时间、没钱，等拖到更忙碌了，又开始说来不及了。

当真来不及吗？我国享誉世界的著名科学家、教育家钱伟长先生，36岁才开始学力学，44岁开始学俄语，58岁开始学电池知识，64岁开始学习计算机，直至八旬高龄，他还在坚持不懈地致力于研究"不作Kirchhoff假设的弹性板壳理论"。2000年10月，即他88岁时，钱老又写出了一篇50多页的长篇论文——《中国魔方的构造特性及其不唯一性问题的研究》。钱老一生，为了国家富强的目标一刻不曾停止过努力的脚步。他的传奇故事让我们明白，"莫道桑榆晚，为霞尚满天"，只要对梦想有诚意，永远都不会"来不及"。

杨柳枯了，有再绿的时候；桃花谢了，有再开的时候；燕子去了，有再飞回来的时候；日子去了，便不会再回来了。所以，我们要抓紧时间、把握机会，用现有的时光做自己想做的事，做自己真正热爱的事。

美国一位著名的哲学家曾经说过："一心向着自己的目标前进并行动起来的人，整个世界都会给他让路。"所以，一旦有了目标，我们就要立即行动起来！光说不练，一再拖延，只会让梦想永远只是梦想。

索菲娅是哈佛大学艺术团的著名歌剧演员。在一次学校的演讲比赛中她谈到了自己的梦想：大学毕业后，先去欧洲旅游一年，然后争取在纽约百老汇站稳脚跟。当她走下演讲台的时候，她的心理学老师问了她一句："你今天去百老汇跟你毕业后去有什么区别？"索菲娅仔细一想："是呀，大学生活不一定能帮我争取到去百老汇演出的机会。"她觉得老师的话很有道理，于是，她决定一年以后就去百老汇闯荡。

这时，老师反问她："你现在去跟一年以后去有什么区别？"索菲娅认真思索了一会儿，咬咬牙对老师说："我决定下学期就出发。"老师又问："你下学期去和今天去，有什么不同？"索菲娅被老师问得有些哑口无言了。她想了想又改变了主意，想下个月就去。

老师紧追不舍："你一个月以后去和今天去没有什么不同。"索菲娅冥思苦想后，激动地说："好，我先准备一个星期，一周后我就出发。"老师步步紧逼："所有的生活用品都能够在百老汇买到，还用准备什么？你一个星期以后去和今天去有什么不同？"

索菲娅顿时明白了，坚定地说道："好，我明天就出发。"老师满意地点了点头，说道："我已经帮你订好了明天的机票。"第二天，索菲娅就飞到了她梦寐以求的艺术殿堂——美国百老汇。她刚好赶上百老汇一个制片人的面试，当时有几百名艺术

Chapter 7
乐观：生活总会厚待你

家前去应征剧目的主角。非常巧合的是，面试的题目是索菲娅曾经在学校排演过的对白。面试那天，索菲娅是第48个出场的，她的表演惟妙惟肖，而且感情真挚。制片人简直惊呆了！他马上通知工作人员，主角已经选好了，面试结束。就这样，索菲娅顺利地进入了百老汇。后来，她感慨道："如果没有听老师的话，尽早到百老汇，我就永远失去这个好机会了。"

在生活中，我们经常会听到有人说："可惜，一切都太晚了，已经来不及了。"其实，生活没有那么多的"太迟"，只要你想做，永远没有"来不及"。如果你想认真做好一件事，就趁现在去做。因为，每一个现在，都是最好的开始。

仔细观察我们身边的那些成功者，就会发现，他们其实都是行动家。"想到就去做"是一种积极的生活习惯，也是一种做事的态度，是每一个成功者都具有的特质。无论什么事情，一旦有了拖延的想法，就会一而再、再而三地拖延；而当行动起来时，事情就会逐渐转变。行动是成功的一半，凡是优秀的人，往往在刚开始对事情充满热情的时候就会马上去做。因为他们知道，拖延是成功的死敌。假如没有行动，再美好的梦想也只是幻影。所以，一旦有了梦想，就要从这一刻开始努力，不再拖延。

过去的已经过去，该来的还没有来，能紧紧握在手心里的只有现在。每个人最大的财富除了健康就是时间，所以我们要认真地过好每一天，把握好每一个当下。朝着自己的梦想奔去，即使有伤心，有失败，至少我们曾经努力过。